融合蒙特梭利、薩提爾，
不打罵、不利誘，
養出孩子的好習慣

大V的正向教養實驗

大V——著

目 錄

PART 5

好好洗澡
和上廁所

PART 6

好好睡覺

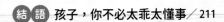

因為愛，我願意用多一點時間，從 0 歲開始教導你，讓你養成獨立思考的心。

我的大 V 式教養生活

謝謝妳願意收看本書，代表妳想要試試看另一種教養方式。

從商學院畢業後埋首工作、結婚生子，就跟一般人所期待的一樣，卻在成為母親後猛然發覺：天啊！當媽媽的日子絕非外面說的那樣愜意。

身為一個超級計畫狂，在懷孕時我就做好了萬全準備，把所有教養相關書籍都看透，筆記也做過一輪，亮亮出生後我就照著計畫走，自以為萬無一失，沒想到養育小孩會成為我人生中最不可控制的事——不是說寶寶每四個小時餵一次，為什麼才兩個多小時就哭醒？一次小睡不是應該有四十五分鐘嗎？為什麼才二十分鐘就起來，那我到底該不該安撫孩子？……為什麼都跟書上寫的不一樣？

當時的我時常躲在角落，看著監視器畫面，觀察孩子的狀況落淚，教養書籍成為我的浮木，每天告訴自己要相信孩子一定可以，而且我也可以。

在經過無數個太陽升起又降落的日子，將閱讀過的書籍觀念揉合自身的經驗，記錄在網路上，透過文字，保存當下自己

與孩子的努力。

療癒「當媽媽的自己」路途上，意外遇到支持我的妳們，成為我推廣正向教養與蒙特梭利最大的動力。

媽媽的初心

養育孩子的過程沒有標準答案，對於計畫狂的我來說很難接受，也曾經在夜裡抱著哭不停的亮亮，無助又生氣地對亮亮大喊：「妳到底在哭什麼？」僅僅兩個月大的亮亮當然只是哭得更慘，聲嘶力竭地「回答」我。

所以，我開始研究教養是怎麼一回事，假如我在一本書上找不到答案，那麼我就再看十本書、一百本書，我不相信找不到解答。

我把握孩子小睡的每分每秒，慢慢地找到我能接受的教養法，卻又不是百分之百完全屬於哪一本書。接著，我開始在網路上記錄我跟亮亮的蒙特梭利實驗教養日誌，到目前為止已記錄了五年。

為了對自己講過的話負責，也怕自身經驗誤導讀者，我進修蒙特梭利 AMI0 ～ 3 歲與 AMI3 ～ 6 歲的助理教師（明年度預計要再進修主教），並取得美國正向教養協會認證的家長講師資格。而現在居然還寫起書了！回頭看，真是一段不可思議

的旅程呢！

　　我跟現在正在看這本書的妳一樣，都只是孩子誕生了，才開始練習做母親的女人。

　　我相信沒有任何一位母親不希望孩子開心長大，畢竟這個小生命在肚子裡第一次被發現時，我們最大的期盼便是希望他健健康康。

　　孩子出生後，我們希望孩子開心，但卻常常讓孩子跟自己不開心，究竟這當中發生什麼事？

　　我相信，每個手足無措的媽媽一定也翻看了許多相關書籍，忙完家事跟讓孩子入睡後，持續在深夜裡爬文，四處問媽媽朋友「為什麼我的孩子不能像社會期待的那樣乖巧？是不是自己哪裡做錯了呢？」

　　親愛的，妳絕對沒有做錯任何事，許多時候只是不知道要怎麼做會更好，只好用自身經驗來對待孩子，或是複製上一代的教養觀念。

　　我將藉由好亮的實驗教養日誌，把媽媽跟寶貝再平凡不過的日常、萬年老哏的問題，一字一句記錄到本書。讓我們一起用正向的語氣、堅定的態度、溫柔的心，陪伴孩子慢慢長大吧。

PART 1

蒙特梭利
教養生活

每個孩子都值得 和他「好好說話」

如果問我，教養的核心是什麼？我想是「尊重」。不僅是尊重孩子，也要讓孩子學習尊重成人、尊重環境。

我舉個例子，當同事不小心打翻水杯，水潑得到處都是時，妳當下會如何反應？我相信妳一定不會罵他，更不會打他，還可能會主動拿抹布幫忙擦拭。

那如果類似的情況發生在孩子身上呢？

「我不是已經跟你說過很多次，喝水的時候要專心，不要邊玩邊喝嗎？我對你那麼好，給你飯吃、供你玩樂，為什麼連這點小事你都做不好？」妳是不是曾經這樣對孩子說過，或是曾經有過這樣的念頭？

為什麼一樣都是水打翻的情況，發生在孩子身上時，成人會這麼做呢？

我想，是因為成人把孩子當成自己的所有物。

我們應該換個角度想，孩子只是年紀尚小的個體，而不是成人的「所有物」，請試著設身處地地替孩子著想，多注意用字遣詞，減少用上對下的語句，這也就是我開頭所說的「尊重」。

　　妳可能會說：「我的孩子總是不尊重成人，家裡常被他搞得烏煙瘴氣，面對這樣的狀況，我不出手打他就已經很好了，要怎麼做到好好說話？」

　　假如今天換作是妳，一整天在外特別不順利，也許是因為投資失利，或是被主管罵，回到家面對孩子，妳是不是有可能會把負面情緒加到孩子身上，讓家裡的氣氛也瞬間低迷了起來？

　　當我們希望孩子尊重成人時，成人必須先示範何謂尊重。

　　由成人先發起，在日常生活中以溫柔的語氣，使用正向的字詞，尊重孩子的同時，也允許孩子犯錯進而體驗後果。慢慢地，孩子在日常生活中會被妳感染，而成為像妳一樣的人。

　　但是，什麼叫做尊重？什麼又叫做放縱呢？

　　想一想，孩子跟妳的相處，如果換成是同事這樣子做，妳有辦法同等對待嗎？

　　如果不行，那就再想一想，妳是不是以愛之名，放縱孩子跟妳的相處？

　　在教導孩子要尊重父母時，請不要忘記示範要怎麼要讓孩子尊重爸媽，一昧地只有成人「尊重」孩子，孩子看不到需要尊重的環境，尊重環境中的他人，也就沒有辦法真心理解何謂尊重。

　　尊重跟放縱的尺度並不好抓，每個家庭的尺度也都不一樣。我認為最簡易的判斷方法，就是**這樣跟孩子相處，妳會不**

會感到委屈？

　　如果會，那就紀律多一點點，自由少一點點，再加上溫柔揉捻，才能發酵成良好的親子關係。

不是問小孩，而是問媽媽：「妳適不適合蒙特梭利？」

　　我的教養核心思想是來自蒙特梭利。參照蒙特梭利的幼兒發展，我明白「為什麼孩子在這些階段會有這些反應」，透過先理解孩子，進而同理孩子，不勉強、委屈自己，才可能在心平氣和的狀況下與孩子共處。

　　蒙特梭利提過，孩子所有的不良行為稱之為「偏態」，藉由環境與成人的指導，能讓孩子回歸於正常，換句話說：沒有不適合蒙特梭利的孩子。

　　那麼，是不是每個家庭都適合蒙特梭利呢？

　　答案為否。很可惜，它雖然適合所有孩子，卻不適合所有的成人。

　　只要願意，任何預備好的環境，我們都能在家布置出來；

　　只要願意，任何預備好的材料，無論是用錢購入的教材，還是帶入生活中的用品，皆能讓孩子視為「工作」；

　　關於預備好的心態，只有成人準備好了，而且心裡真正理解了，才得以實現。

經過去年一整年的疫情，「在家蒙特梭利」是線上超夯的詞，好像什麼事情都能套上它，但這樣是否濫用了「蒙特梭利」這四個字？

我的回答是：是，但也不是。

如上述所言，最重要的不是工具、環境或是材料，而是成人預備好的心態——如果妳願意，每天都可以很蒙特梭利，自然而然地，日常生活中的每一件事，也會很蒙特梭利了。

聽到這，也許妳會一頭霧水，什麼叫「很蒙特梭利」？

蒙特梭利的核心理念是**「觀察孩子」「了解孩子」「跟隨孩子」**。

簡單來說，跟隨孩子的意思是，孩子會讓妳知道他需要做的事、需要發展的面向以及需要挑戰的領域有哪些，透過成人的觀察但不介入，才得以展現。

被心驅使的孩子會很認真工作，原因在於他們的目標不是「學習」，而是受內在需求（荷爾美，Horme）的吸引，當這件事受到認可且由孩子自己發展出來，而外在反應出來的狀況為「孩子自發性地操作，且不停地重覆」。

在整個發展階段裡，我最看重蒙特梭利最根本的核心——「觀察孩子」，有時候不插手反而比替孩子做了什麼，還來得更不容易，對我來說，控制自己那雙渴望從中介入的手，真的好難啊！

2　我的大 V 式教養

　　我還記得亮亮出生時，我在網路上發表的文章，大部分的內容都在寫蒙特梭利，當時大家都覺得我是「蒙特梭利專家」。隨著亮亮長大，開始懂得開口說話之後，我分享了許多和亮亮的對話語錄，那時大家又覺得我的方式很「正向教養」。後來好好出生，才發現養育一個寶寶跟兩個寶寶的壓力，簡直天壤之別，這時我選擇專注自身，照顧好自己的心情，此時大家又說我很「薩提爾」或是「阿德勒」。

　　究竟我秉持著什麼樣的教養法呢？

　　我思考了一番，覺得自己並不排斥任何的理念，而是隨心、隨不同情況應用在生活之中，妳們姑且就稱我的方式為「V式教養」吧！（笑）

　　但是我們不得不承認，世界上的每個生命都有自己的規律，蝴蝶必須歷經卵，接著孵化成毛毛蟲再成蛹，最後羽化為蝶；孩子必須哇哇大哭地誕生於這世界，經過翻身、爬行、走路，接著才會跑步。蝴蝶在成蛹後需要 7 ～ 30 天才能破蛹而出，孩子在每個成長階段所需要的時間也不相同，我們可以因為想趕快看到漂亮的蝴蝶而提早把蛹剪破嗎？不能。那麼孩子

呢？道理是一樣的。

　　所以要知道，成人們都應該學會**「生命自有規律，必須用愛跟耐心等待」**這個道理。

大家覺得派系重要嗎？

　　在網路上有許多深受各式各樣育兒困擾的媽媽來找我求解，一開始我會用派系粗分理念是否相同，但在相處之後發現，很多人以為的教養派系，跟實際上的操作很不一樣。

　　我一開始看了親密派（親密育兒百科）跟百歲育兒派的書（every child should have a chance）。

　　所謂「親密育兒理念」是提倡用一切自然的方式促進親子紐帶，這個理念認為，小孩出生後，和媽媽之間的紐帶會對孩子的一生產生深遠影響，所以要使用一些親子之間親密的行為，幫助孩子建立情感上的安全感，否則孩子會產生大腦受損的現象。

　　至於百歲育兒，則是指將自己與寶寶的生活規律化，能將寶寶、家庭、先生都照顧到，不至於一團混亂，維持好「個人與家庭的平衡」。

　　百般思慮後，我決定參考百歲育兒派的做法。（這邊指的百歲只有丹瑪醫生的原文著作，其他人操作後翻譯的不算。）

　　等到寶寶的飲食和睡眠都上軌道之後，我開始看幼兒發展相關的書籍，實施蒙特梭利理念；隨著孩子長大後，我便著手閱讀和腦科學相關的書籍，剖析孩子想法，例如《大腦與閱讀》《運動改造大腦：活化憂鬱腦、預防失智腦，IQ 和 EQ 大進步的關鍵》《0 ～ 5 歲寶寶大腦活力手冊》《大腦的祕密檔案》等書，在這邊提出來給大家參考。接著我也參考了心理學方面的資訊，即大家最熟悉的阿德勒、薩提爾，進而理解大人跟孩子的心理層面感受。

　　想要多了解該怎麼跟孩子對話，可以參考正向教養，很多範例都能應用在孩子身上，或是大 V 生活粉絲專頁上也會有我跟好亮的案例紀錄（本書也有收錄部分內容）。

　　亮亮曾經告訴過我：「如果想要做好一件事情，祕訣就是一直練習、一直練習，就會越做越好了哦！」**教養也是一樣，沒有捷徑，就是多多練習**，曾經有人說我和好亮的對話反應很快，是不是因為我很有天賦？但其實不是我特別厲害，只是比妳們更早開始練習啊！

　　在這邊給大家一個小祕訣，從今天起請試試看，每天晚上回想當天的一個事件，重新再來一次，妳會怎麼做呢？

如果想要做好一件事情，祕訣就是一直練習、一直練習，就會越做越好了哦！

教養的方式有很多種，不變的只有堅定

　　既然我的教養方式是多派系融合的，當然不覺得有哪個派系特別好，或是只走某一個理念，那什麼是任何父母都要做到的事呢？我想是堅定且一致性的態度。

　　從驗孕棒驗出亮亮的那刻起，我就變身為教養書籍狂人。無論是親密派、百歲派、德國派、美國派，或是關於兒童心理學、腦神經科學等書籍，沒有一本放過，統統都看過一遍，因為我認為，只有在多方閱讀後，才能得知自己偏好什麼。

　　最後我擷取個個論述的其中一部分，中心思想採用蒙特梭利、運用阿德勒的態度、用字遣詞為正向教養，並用薩提爾來接受自己，將這些概念加以融合，實行在好好、亮亮身上。

　　妳說我推薦哪一派？很難一言蔽之。只能說，**無論妳選擇什麼，「堅定」都是必要的。**

　　回想一下，妳是不是對 0 歲的嬰兒有無限的包容心？無論吐奶幾次，或是剛換完尿布又拉屎、夜奶無限，當媽媽的都會接受。隨著孩子長大後，大人的耐心也越來越低，例如，明明跟孩子說過好多次，過馬路要牽手才比較安全，但他總是自顧自地穿越馬路，即便妳的內心一而再再而三地告訴自己：再怎

麼生氣也不可以打人，但回過神來，妳還是出手了……接踵而來的教養問題伴隨著崩潰大哭，常讓我們立志今天要當一個溫柔媽咪，下一秒卻馬上破功，這時候妳可能會希望減少孩子大哭崩潰的頻率，上網查查看有什麼解藥。殊不知，這是最不需要去要求孩子的。

我們沒有權利要求另一個人不准表現情緒（崩潰或傷心）。想一想，如果有人跟妳說，失戀分手不准傷心、不能買醉，妳的想法是什麼呢？成人可以讓孩子明白哭沒辦法達成目的：「媽媽不讓你做這件事，是因為事件本身不行，無論你哭或是不哭都是不可以的。」當孩子理解妳的不行是真的不行後，自然而然地就會減少長時間的崩潰大哭。

那麼該怎麼做呢？

教養裡我認為最重要的是「一致性」，大方向是成人尊重孩子，孩子也該尊重成人。

規矩的設立因家庭而異，溫柔堅定的第一步是替孩子設下規矩（自由與紀律），寧可慢慢增加，也不要設立了又做不到才刪去（說到做到）。

那麼，如果家庭裡沒有辦法所有人都配合同一個教育理念，達不到一致性，是不是很難教孩子，應該就此放棄？

我得承認，過程會拉得比較長沒錯。尤其是還不穩定的孩子會需要越穩定的外在秩序來長出內在秩序，透過耐心與陪

伴，孩子會理解在不同人面前要採取不同的模式，所以才會出現「孩子在學校很乖，回家後彷彿變了一個人」的情況。

好亮算是很穩定的小孩，我想是來自於我沒有後援，包含我住月中時選擇母嬰同室，為了確保好亮都是在我的理念下陪伴長大的。我先生因為工作較忙，以及不擅長照顧寶寶，在作息飲食與規矩方面都是我手把手帶大的，才能堅持一致性。

但天底下所有媽媽都有必要這麼累嗎？這點容我先打上一個問號。

我認為，在可以接受的範圍內，對於沒有「一致性」這點就請放寬心，也許長輩的教養有點雷，但在不危害孩子的情況下，不妨當作是對孩子的另一種疼愛，也讓自己休息一下。

我必須說，當時的我一部分沒得選擇，另一部分是太偏執，才讓自己陷入疲累的局面，沒有照顧到自己的內心，要不是有妳們在網路相伴，我一定會撐不下去，謝謝妳們。

怎麼實行一致性？

曾經有人跟我說：「一致性說起來很簡單，但做起來很難……」但是媽媽啊，教養孩子本來就不是件容易的事啊！

育兒路上，我認為最難的是「相信孩子做得到」。無論是妳，或是身邊其他愛孩子的人。

一致性的態度能減少多餘的眼淚，在最短的過程中陪伴孩子度過，讓他的每一分眼淚都不白流，當然，也包含妳躲起來偷掉的眼淚。所以，如果我們能堅持一致性，未來的路也會順暢許多。

我認為一致性無法實行的原因，大多出自於家長。家長容易在孩子成長過程中預設立場，舉例來說：

1 ～ 3 個月的孩子鬧，妳會說是腸絞痛；

4 ～ 6 個月的孩子鬧，妳會說是翻身地獄；

7 ～ 10 個月的孩子鬧，妳會說是長牙「歡」；

10 個月以後的孩子鬧，妳又會說是分離焦慮。

更別說在 1 歲 7 個月以前，每隔一、兩個月就要打預防針，也要說是預防針「歡」；到了 2 歲又要說是 terrible two，沒完沒了……

那麼，我會怎麼說呢？

我決定親力親為陪亮亮度過生命中最重要的前六年（在蒙特梭利裡會將 0 ～ 3 歲、3 ～ 6 歲分為兩大階段），以愛而不寵的方式陪伴亮亮跟隨內在需求成長。我相信，如果連我都沒有耐心陪伴亮亮茁壯，又如何期望其他人有辦法呢？（當然我沒有後援也是重點啦！）

其實滿羨慕有後援的家庭，每當我帶著亮亮工作時，萬一遇到要開會的時刻，真的也只能硬著頭皮參與會議（汗）。不

是每個人都有辦法親自陪伴孩子長大，無論是現實考量，又或是無法全天面對孩子而交給他人照顧。

　　「人」就是最難的課題，尤其是孩子身邊的人提供了各種不同建議，造成「不一致的教養」，導致教養過程被拉得很長——常常進步一點點，過沒多久又退步一些，有時也會無力地想放棄自己的堅持……我相信孩子會依據不同人有不同的表現，所以盡可能在妳能做到的時刻堅持下去！也許這些狀況會讓孩子不太舒服，但不能因為這樣就可以沒有「規矩」，雖然孩子很「歡」的時候，成人會很煩躁，但此時，我會在心裡告訴自己：「孩子可能是因為這些狀況不太舒服，所以才會這樣鬧脾氣。」實際上對待孩子時，我的態度不會因為孩子「歡」而有所改變。

　　要知道，教養路上難免伴隨哭聲，但這並不代表什麼，僅僅是孩子不太會說話，只能用哭聲表達情緒，所以不要放大孩子的眼淚，同樣地，媽媽也不要給自己太大的壓力。

　　我們不應該被哭聲綁架，更不因為哭聲妥協規矩。假使這是有用的，孩子自然會一直用這招：哭就能達成目的，我為什麼還需要費力學習？

　　蒙特梭利說過：「兒童透過情感、透過眼淚、懇求、憂鬱的眼神，甚至透過他的『自然魅力』來獲得成功。沒有任何東西能糾正兒童的隨心所欲，規勸和懲罰都無濟於事。」有些家

長會說:「是的,這個道理我明白,但要抗拒孩子真的好難啊!(哭)」

　　但是我們也得知道,孩子的占有欲和權利欲是成人讓步的結果,唯有成人做到「一致性」,孩子才不會無所適從,安全感也會大大增加,孩子會慢慢相信成人所表達的說到做到,自然不會隨便「歡」,隨著年紀越大,能理解的越多,在教養的路上反而會越來越容易呢!

　　教養啊教養,愛孩子之餘也別忘了愛自己也很重要。願我們都能成為孩子的「引路人」,指點他們一個方向,尊重孩子保有犯錯與選擇的權利。

PART 2

在家探索

我很喜歡蒙特梭利讓孩子保有「原始探索求知欲」，以及「快樂是靠自己尋找而來的」的精神，隨著亮亮長大，讓我更加深刻理解到，保有孩子的天性是一件多麼不容易的事。

在路上很常看到被 3C 或是大量玩具「綁架」的孩子，無論給他再多，好像都無法滿足，以及在一旁受到孩子哭鬧影響，被情緒勒索而疲憊不堪的媽咪。

媽媽們總覺得自己給的不夠，看著網友分享什麼必買，好像沒買就會讓孩子輸在起跑點上似的。

別忘了，**家，是最好的蒙特梭利教室，妳則是孩子最好的老師。**

孩子喜歡重複且有規律的事，家裡不正是一個充滿規律及重複性的地方嗎？請試著把日常生活中的事情，分攤一些給孩子執行，不要怕他打翻水、不要怕他做不好。

經過不間斷且重複的訓練，孩子的技巧也越加成熟，讓他們在過程中找到成就感，得到妳的一個讚賞眼神便能使他們充滿動力。

因為，小孩最重要的「工作」，正是陪著家人過生活啊！

跟著父母的日常，就是孩子的滿足

常常碰到有人問我：「該怎麼跟孩子開始蒙特梭利呢？是不是一定得去專業教室？」「孩子做得很棒需不需要給予獎勵，例如買玩具給他或是讓他吃零食？」等問題，答案是：這些都不需要！因為蒙特梭利是一種態度。

其實小孩最喜歡的事，就是讓能幫忙心愛的大人，得到妳開心的反應便心滿意足啊！什麼叫做蒙特梭利的一天？即跟著父母過平凡的日子，在蒙特梭利的兒童之家也是參照日常生活再加上教具來設計的，而 3 歲以前的孩子最需要的便是「**照顧自己**」而非操作教具。

如果妳願意，能不能給孩子一個機會開始練習呢？

每個家、每個孩子都有一把獨特的尺

我們要尊重孩子是一個獨立的個體，允許個人化的差異並給予彈性，只要在大方向不走偏的情況下，適當地調整到妳跟孩子都舒服的程度即可。

在教養路上常遇到許多人問我：「大 V，我的孩子脾氣好

差，總是調皮搗蛋、愛挑戰極限，為什麼不能像好亮一樣做個好孩子？」教養和許多事情一樣，是不值得拿來做比較的，每個家、每個孩子自有一把獨特的尺，當妳不自覺把孩子拿來比較，很容易讓他們的行為變成「扣分」的舉動。

想要教養好孩子，倚靠著不斷「加分」，而不是不斷「扣分」啊！我時常叮嚀自己，千萬不要做以下這三件事：

1. 與他人比較。

2. 失控的言語。

3. 過度關切（當孩子難過時不要表現得比他更傷心）。

更常提醒自己，盡可能做到這三件事：

1. 觀察孩子。

2. 相信孩子做得到。

3. 不落井下石。

只有當孩子相信自己是個好孩子時，他才會有歸屬感，知道自己是值得被愛的，有歸屬感的孩子犯錯時，他的心裡會很自然地想：「如果我沒有做好某一件事情，媽媽因此不開心，不是因為我真的很壞，而只是因為事件本身讓媽媽心情不好。」

做父母的時常把「愛」掛在嘴邊：「我這麼做是為了你好。」「我不讓你這樣做是出於愛你。」但是，孩子感受到的真的是「愛」嗎？

關於自由的紀律

　　比起來我們小時候什麼都不能做，現在的孩子因為家長給予很大的自由空間，相對起來很幸福，但同時也遇到了一個大問題：要怎麼拿捏自由的程度呢？

　　觀察孩子、了解孩子、追隨孩子是中心思想，但這並不代表孩子可以肆意妄為。在孩子享有自由之前，得先證明他值得擁有自由，了解規矩的方寸何在。

　　在明確的規矩之下孩子享有完全的自由，就像這張照片（見圖1），亮亮可以從任何角度觀察盆栽、用手觸摸葉片、用鼻子聞。

　　但是我會傳達**「給予自由不完全就是擁有百分之百的自由」**這個概念：「亮亮，當妳拿起盆栽時，我有責任提醒妳請放下，然後妳可以繼續觀察盆栽。妳也可以選擇不理會我的要求，這樣的話，我就會把盆栽收起來。妳或許會因此不開心大哭，但我理解這是正常的情緒反應，妳有哭泣、生氣的權利，所以請好好地傷心吧！」

　　各位媽媽們，我們都要讓孩子記住一個道理：「親愛的寶寶，我愛你，所以我願意在每一次你超出界線之際，拉你一把，並提醒你紀律的標準，讓你回到正確的道路上。如此一來，你就會慢慢在平淡的生活之中，找到自由的紀律。」

在蒙特梭利之前，你可以先做的居家布置

很多人誤會一定要花大把的金錢，把蒙特梭利教具搬到家裡，才能徹底實行蒙特梭利教育，但其實只要從「心」去理解孩子在這個階段所需的技能發展，透過日常生活的工作，便能鍛練他的能力。

所以，妳準備好跟小小孩一起過生活了嗎？準備好的話，那我們就來替孩子準備符合尺寸的工具吧！

我家有許多小尺寸的用品，大部分都是在旅遊時添購的，並不是特別為了小小孩設計的物品。不用拘泥在「專為兒童設計的用品」，掌握大方向即可——**尺寸適合孩子、材質天然為佳（避免塑膠製品）、要真的有辦法使用的（例如不要給切不了東西的刀）。**

居家布置參考

● 如廁：輔助便座、兒童便座

小小孩有三大獨立的過程，其中一步則是身體上的獨立，也就是「如廁」練習。

　　透過輔助便座或是兒童便座，將環境預備好，讓小孩能夠自行上下，不需依靠成人的幫忙，只有在能夠自己走到馬桶，脫下褲子，並在如廁後整理自己，穿上褲子，沖水洗手，離開廁所，才是一次完整的如廁練習。

　　另外，便座壁上可以貼張小貼紙，幫助孩子瞄準及增加布置喜好。

● 洗手：輔助腳凳

　　輔助腳凳可以幫助孩子在不改變家裡裝潢的情況下，協助孩子站上成人的高度，拿取物品，像是洗手檯、書櫃都可以用得到。

　　孩子能夠自己拿到需要的物品，就不需要請成人抱來抱去了，也可以藉此鼓勵孩子多走動、增加活動力。

⬤ 收納：兒童衣櫃或兒童三角掛衣架

簡單來說，這是讓孩子能
在穿脫衣服時，可以自行掛好
的衣架。我很喜歡這種小號的
簡易三角衣架，大家都可以輕
易地在網路上搜尋到。

或者也可以在大人的衣櫃
下方，加一根窗簾棒，讓孩子
能練習把衣服掛上，並且學習
搭配當天要穿的服裝，自己做
決定。

⬤ 更衣：能輕鬆穿脫的上下身、
　　內褲、學習褲

請選擇有彈性的衣物，寬
鬆的優於緊身，避免扣子或是
拉鍊，減少孩子在穿脫時的難
度，也可選擇有肩扣的上衣（身
高 100cm 以前的衣服滿容易找
到有肩扣款的）。

● 備餐：廚房輔助塔（learning tower）

　　廚房輔助塔是國外很盛行的物品，看起來跟梯子很像，但跟梯子不太一樣的是，它在後方多了一根桿子，可以保護孩子不那麼容易往後倒。

　　臺灣因為房屋空間較小，不見得每個人的家都有空位放。若妳跟我一樣常跟孩子下廚，非常推薦購買一個廚房輔助塔，我家是使用可折疊的款式，對小空間比較友善，缺點是需要使用時，得由成人協助打開，孩子是無法自行開啟的。

　　當然，妳要使用椅子墊高，讓孩子直接站在上面也 ok，只要能到達中島或是爐面的高度即可。

●下廚：貝印刀具、小廚房

在選擇兒童刀具時，家長最擔心的無非是切到手而受傷的問題，我必須老實說：會受傷，但是是可以接受的小割傷，不至於切斷手！另外，請避免買塑膠刀，因為那種切不掉的感覺，會讓孩子很受挫，家長們可以先從波浪刀，再到刀具（或是可以選有護手套設計的）。

至於給小小孩的小廚房，我家是使用 Ikea 的小廚房，是之前因為疫情嚴重，小朋友停課在家時改裝的，我另外加裝了自動給水器，也將水槽挖了個漏水孔，變成真的能洗東西的廚房。

下方的櫃體可以放孩子的餐具，讓孩子自行拿取，也滿足他們喜歡開關櫃子的

欲望,藉此讓他們理解「這是你的廚房,那是我的廚房」,寶貝可以拿自己廚房裡的東西,若要拿媽媽的得先徵求家長的同意。

　　不過,如果家裡沒有多餘空間,我認為小廚房捨棄也無妨。

● 用餐:兒童餐具、餐墊、手帕

　　兒童餐具是經過特別設計,讓小小孩的手能夠輕易抓握,達到他們在用餐時能更順利的目的。

　　餐墊則能幫助孩子「定位」,讓他知道這邊要放什麼餐具,進而協助布置餐桌。

　　手帕可以拿來練習禮儀,當孩子的臉或是手弄髒時,不要急著幫他擦,給他一面鏡子,指出來告訴他:「這邊髒了,寶貝擦擦。」

● 工作：離乳桌椅

　　小小孩的桌椅是必買的物品，他們可以在上面用餐或是做為工作桌使用。

　　在桌子上工作時，別人不可打擾，尤其是有雙寶的家庭，更需要用物品做為界限，區分出這個地方是屬於自己的。

　　若真的沒有合適的位置放桌子，也可以透過椅子，跟孩子共享桌子，或是使用地墊（巧拼也行）在地上區分出工作區域。

● 睡覺：地板床

　　自主入睡的孩子，能夠自己上下床很重要，尤其是戒尿布後，孩子難免會有睡夢中想尿尿的時刻，一旦睡在地板床，他們才能自己上完廁所再回來睡覺哦！

　　這樣的高度離地板很近，不用太擔心孩子睡到一半，翻

身掉下床撞到頭的問題。好亮小時候想睡覺時就會自己爬回床上，還會跟我揮手說 bye bye，超可愛的！

● 洗澡：矮凳、不哭哭洗髮精、浴巾

站著洗澡可能會因為地面濕滑而滑倒，坐著洗安全很多，也可以讓孩子在過程中觀察大人是怎麼替自己洗澡的，進而模仿成人動作。

大部分的嬰兒洗髮精都是不哭哭配方，在市面上也很好找到，沒有一定要使用我幫好亮買的才行哦！

　　以上這些都是在家裡能幫助孩子，靠自己的能力做到的輔助道具，沒有一定要全部都買，可以依照孩子的生活習慣與相處模式來決定。

成人最重要的工作是協助孩子獨立

　　一個蒙特梭利寶寶，在三歲以前最重要的工作是**照顧自己**。蒙特梭利說過：「Never help a child with a task at which he feels he can succeed.」（如果孩子覺得這是他自己能完成的事情，就不要幫他做。）簡單來說，在蒙特梭利裡，成人最重要的工作是協助孩子獨立，請注意，在這邊我們用「協助」這個詞，而不是「幫助」，因為一個好的蒙特梭利導師（母親是孩子最棒的老師），除了放手之外，還應該貫徹「最少的指導、最大的耐心和最多的鼓勵」，很可惜的是，照顧者時常背道而馳，給了「最多的指導、最小的耐心與錯誤的讚美」。

　　在許多時候，照顧者看到孩子犯錯時，都會忍不住落井下石：「你看，我剛剛就跟你說了不要這樣。」「你怎麼這麼笨，怎麼學都學不會！」等等。大多數成人並不知道，「錯誤」對孩子本身就是一種激勵（反饋），如果成人學會站在一旁觀察而不急著介入，很快就會發現這些錯誤或失敗，將促使孩子一遍又一遍地反覆操作，直到完全掌握並順利做完為止，犯錯並不會阻擋孩子學習的欲望，反倒能激勵他把事情做好。

　　我們要學著尊重孩子的學習意願，過程雖然很慢、動作不

成熟，但那是一段神聖的路——**孩子正在學習，預備好能獨立的那一天啊！**有句話我非常喜歡，也想送給大家：「**世界上所有的愛都指向相遇，只有父母的愛指向別離。**」

說了這麼多，要怎麼開始每天都很蒙特梭利呢？

預備好的環境

家裡不是蒙特梭利教室，不需要跟教室一樣提供正統教具或家具，盡可能在限度內配合孩子即可。

我們將危險物品收起來，將環境布置得更適合孩子，例如在沙發前方放一個凳子，孩子就能自由上下沙發（也是一個很好消耗體力的運動）、提供適合孩子身高的桌椅、沒用到的插座加裝安全鎖、容易碰撞的家具直角增加防撞條等等。

噢，就算這樣也不可能做到百分之百完美，剩下來的部分就是要讓孩子拿捏分寸的地方。

舉個例子，孩子拿到剪刀自行把玩，是誰問題？成人；孩子咬了收不起來的電器電線，是誰的問題？孩子。

將危險物品收好是成人的責任，而沒辦法收起來的東西就等同於不屬於孩子的，只要每個人每一次都有一樣的堅持，相信孩子很快就會知道某些事情不可以做。舉幾個我家的例子：

1. 我家沒有放置柵欄，所以亮亮可以自由探索，唯獨貓房

她不能進去，只要一爬進貓房，就會馬上被抱到落地窗前，已經不記得執行多久後才有成效，後來亮亮想找貓咪，就只會坐在貓房門口喊「貓貓」了。

2. 小時候的亮亮很愛咬空氣清淨機的電線，每次咬，我就會把她抱到椅凳上坐五分鐘，之後就不會再咬了。

孩子就跟成人一樣，是透過「結果」來學習的，沒辦法由成人「教」會孩子，就像不吃飯等於餓肚子，如果成人只是嘴巴上一直說著「不吃飯會餓肚子」，另一手又不停塞食物給孩子，沒有感受過飢餓的孩子，又該如何理解不吃飯等於餓肚子的結果呢？

跟隨孩子、觀察孩子

全世界的孩子都有一模一樣的成長規律，身為大人，我們必須承認規律的存在，並尊重這些規律。

蒙特梭利最重要的職責不在於教，而是在於「觀察」，每個孩子有自己的發展模式和速度，我們需要觀察他們正處於什麼階段、內在有什麼需求，進而協助他們。

失誤控制是蒙特梭利裡重要的一環，不需要刻意提醒孩子，每次開始做某件事之前先由大人示範，換孩子操作時，盡

可能做到「觀察不提醒」，例如孩子會發現，原來用力敲蛋，蛋殼會破、水煮蛋的蛋殼沒有剝乾淨就會吃到硬硬的殼、過於用力攪拌碗中的蛋液，有可能會打翻，打翻的話就沒有蒸蛋可以吃、食物加太多鹽巴會很鹹、剛出爐的餅乾好燙……經由多次且重複的練習，方能達成目標。

　　孩子天生勇於挑戰，對於有興趣的事會一試再試，就算有可能被大人處罰也阻擋不了他（例如玩插頭、爬高高）。請允許孩子有限度的犯錯，保有樂於嘗試不放棄的精神。

有限制的自由

　　在蒙特梭利裡，自由與紀律是正相關的，而「放縱」就是缺乏規範的自由。紀律簡單來講就是「規範」，是培養孩子了解「尊重自己、尊重別人、尊重環境」的約束。而蒙特梭利裡的紀律，是建立在自由基礎上的「主動」與「積極」的紀律，那些看似乖巧的孩子，如果只是被動地配合服從，或是因出於害怕（怕被罵、怕大人囉嗦、怕不被喜愛……）才遵守規則，稱不上有紀律。對小小孩而言，規範能給予他們安全感，因為這時候是他們「透過外在秩序，來建立內在秩序」的時期。

　　現在許多人號稱「尊重」孩子，實際上可能誤會了尊重的定義，而在不知不覺中放縱孩子，這對他們是沒有任何幫助

的，**而成人的責任之一就是教會孩子「責任」是什麼。**

　　蒙特梭利說：「自由必須以獨立為基礎。」因此，我們需要不斷給孩子練習的機會，以達到獨立的目的，而孩子的吶喊更需要被大人聽到：「我不希望別人伺候我，因為我並非無能。」只有真正具有這種思想並被滿足的孩子，才能感覺自己是自由的。教養孩子時如果可以掌握自由與紀律的原則、溫柔且堅定地執行，會發現孩子的情緒相對穩定，大大減少跟父母產生摩擦的機會。

　　環境的規範能讓孩子在日常生活上有所依循，並做出預測，孩子都喜歡固定、重複的行為與作息，在即將有變更時，要提早告訴孩子，幫助他們了解環境、適應環境。

　　舉個先前V友問我的一個例子：早上起床，家人急著要出門，孩子開始鬧脾氣，不肯讓大人幫忙更衣，但自己又穿不好，這時怎麼辦？

　　我們要做的是遵守讓孩子獨立的紀律（自己練習穿衣服），如果想減少早上著衣的時間，可以前一天睡前就讓他挑選兩套中的哪一套衣服是他明天想穿的，並約定好明天早上給他多少時間自行穿著，超過時間的話就由父母接手。

　　「有限制的自由」意思是給孩子選擇的權利，但不能是無上限地提供，很奇妙的，當孩子擁有自主權時，他的配合度就會忽然提高了呢！

這邊也附上我家常見狀況的應對方式給大家做參考：

1. **不吃飯**：可以不吃飯，但不能影響家人用餐，收餐到下餐前只有水喝。

2. **不睡覺**：可以不睡覺，但不能影響照顧者，得趁這段時間整理家事，沒辦法陪他。

3. **打翻水**：一起整理，小小孩不整理也不另外處罰。

4. **亂丟食物**：收餐，在遊戲時間提供適合丟的物品給他（不能只叫孩子不能，還要提供一個能的。）

5. **不合意就哭**：坐在他看得到的地方試著說出孩子的感覺，跟他說：「如果想抱抱可以過來媽咪這，或是你也可以自己發洩情緒。」哭完再給個抱抱。

6. **不收玩具**：小小孩是活在當下的，不收也很正常，平常跟他說一起收吧，如果孩子不收，成人也能幫忙收。

7. **坐汽座哭**：那就讓孩子哭吧，我沒有在汽座上給零食的習慣，不然臺北、高雄往返要餵多久啊？餐跟餐之間不吃零食是我的規定，玩具我也只給三個，丟光光就沒了，因為安全無法讓步。

8. **不想刷牙或吃藥**：沒辦法一定得做，十字固定奉上（開玩笑的）。

9. **吃東西得在餐椅上**：一旦決定下餐桌就沒得吃。

吸收性心智

　　蒙特梭利認為這是 0 ～ 6 歲的兒童獨有的心智特徵，「孩子對環境中所接觸到的影響跟刺激，都不會加以分辨地全盤吸收，將其轉換成人格特質的一部分。」所以我們要盡可能地告訴孩子正確及對的事情。

　　舉個例子，當看到美麗的環境時，他們會吸收這個環境，將其做為自己心智的一部分，妳給他美麗，他以後就會創造美麗，因為那是他建構心智時的一部分材料；相反地，如果妳給他看到醜惡，他也會吸收醜惡，醜惡也會成為他身上的一部分。所以，大人在孩子面前的一舉一動、一言一語，都會成為他們人格的原料，我們想要孩子成為怎樣的人，自己首先就必須是那樣的人。

好習慣要慢慢養成

前面說過，蒙特梭利認為自由與紀律是正相關的，當孩子沒有辦法有紀律地要求自己，就代表他還不值得擁有那麼多自由。

收玩具：孩子的壞習慣，來自於大人的貪圖方便

大家一定遇過要孩子收玩具時，他們開始耍賴的狀況，甚至哭鬧著說「不要收」。這時候要不要給予「彈性」，允許他現在不收，晚上玩完再一次統統收起來呢？

有意思，妳怎麼知道他晚上一定會收呢？倘若他仍然哭鬧不止，妳會如何要求他呢？其實對於這麼小的孩子而言，只要他不想，妳根本無法強求！

我的作法會是，要求孩子離開玩玩具的區域時，就要把玩具都歸還原位，這年紀的孩子做不到是很正常的事，就由大人接手，並告訴他：「使用完要記得歸位喔，媽咪先幫你收。」要馬上收掉的用意在於讓孩子「保持對環境的秩序」，每次使用完，東西都需要回歸原處，當他看著大人都是這樣做的，他

會吸收成自己腦海中的模樣，當環境不如秩序時，反倒會想要恢復秩序。

　　另外，對大人來說，玩到最後才一次收也是很辛苦的事，更別說要求孩子一次收這麼多了。兩歲以前的孩子只能對他做到「提醒與示範」，並帶著他一起收，對於越小的孩子，我們給予的彈性越少，正是為了培養他對「規矩的態度」，如果這件事情是妳的規矩，那就不應該隨便給予彈性而破例，這叫做「沒有界線」。**規矩的設立不需要一次到位，先從最不能接受的部分開始，從少到多，從寬到嚴，最重要的是每次都要說到做到。**

是小孩沒有規矩，還是大人沒有規矩？

　　亮亮以前是個很樂意收拾玩具的孩子，自從弟弟出生後開始走歪，現在在家不收也很自在（在學校卻是收拾好所有東西的乖寶寶）。回頭想想，不是亮亮變了，是成人變了。我認為：「孩子最擅長的事，是挑戰成人底線。」當妳一再讓步，規矩捉摸不定，孩子如何得知這是「規定」呢？

　　產後陪伴新生兒的我沒有心力去陪伴亮亮收拾東西，等到好好會爬、會移動後，根本是個行走的怪獸，五分鐘就能讓客廳成為廢墟，我收的速度都沒有他們破壞得快，所以我就放棄

了。

　　像這種狀況，就是大人沒有規矩。

　　大家可能都聽過一句話：「好習慣需要二十一天養成。」而我說過，養成孩子的好習慣，需要重複八百次！我們要先告訴自己，**孩子在建立習慣以前，混亂的狀況是一定會出現的，短時間能夠做好的可能性趨近於零**。絕大多數的孩子在過程中會賴皮、發脾氣、不配合、出錯，如果孩子只需要妳提醒個幾次就能全面配合，就是妳中樂透了。

　　妳可能會說：「既然我們的孩子做不到，那還需要要求嗎？」

　　要啊，不要求怎麼可能會做到呢？這是一場媽咪與孩子的拉鋸賽！我們若沒有擁有罕見的「樂透寶寶」，卻又希望他們守規矩時，該怎做呢？

1. 為孩子提供規律感（秩序敏感）。

2. 每天執行。

3. 反覆練習直到成為習慣為止（至少要兩週以上）。

　　回到最前面我提到的故事，待我產後恢復得差不多之後，便邀請亮亮練習收玩具，我們先從浴室的玩具開始。

　：「亮亮，從今天起我們一起收浴室玩具吧！」

：「為什麼？」

：「玩具泡在水裡會發霉，離開前一起把玩具洗乾淨、
晾乾，才能玩很久，媽咪會跟妳一起合作，我們來
收玩具吧！」

● 提醒

當亮亮洗澡完，忘記收拾玩具就想離開時，我會**提醒**她。

：「亮亮的玩具還在水裡，濕答答的會發霉，亮亮要
自己收還是一起收呢？」

倘若亮亮堅持不收，我會這樣說。

：「收玩具是亮亮的工作，妳今天太累了，不願意收
玩具的話，媽咪可以替妳收，但如果媽咪今天幫妳
收了，明天就連當小幫手跟妳一起收都不行喔，明
天就得由亮亮自己收。」

● 容許彈性

亮亮如果說不要，我會反問她。

：「如果亮亮堅持不收玩具，又不想要媽咪明天不能
幫忙收，那妳覺得怎麼做比較好？」（**不能一昧順
從媽咪提出的，要鼓勵他們自己思考。**）

只要孩子說的答案合理，我們嘗試去誇獎他有想出好辦
法。（**鼓勵他有用心，試圖想出解決問題的其他可能性。**）

希望我們一起努力、堅持之後，都能有一個可以乖乖收玩
具的小寶貝！

學習等待：利用計時器量化時間

如果孩子不在當下被滿足需求，而開始哭鬧，家長們怎麼
辦？

我的作法是使用**計時器**讓孩子學習等待，畢竟很多時候我
正在忙，沒有辦法停下手邊的事情滿足他們，需要讓孩子明白
媽咪是**恆存**的，不是不陪他，**只是現在沒辦法**，要讓她尊重成
人也有自己該做的事。

大人們可以使用計時器，讓時間變得比較好體會，使小小

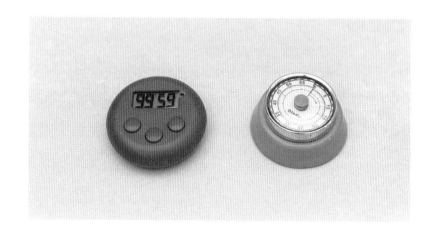

孩對「等一下」跟「幾分鐘」產生概念。

　　我家滿常使用計時器的，以前是用會有「逼逼」聲的電子式計時器，被摔壞之後，我就換成機械式計時器，會比較耐摔。

　　舉個例子，我家的用餐規定是用餐時間跟內容由大人決定，分量由孩子決定，他們可以不吃，但是不能影響家人用餐時間。不吃之後，孩子得在餐椅上待滿 20 分鐘，我會說：「等時鐘轉到『星星』時，就可以下餐桌了。」因為孩子還不懂數字，所以我會用「圖像」表示。妳可以選擇孩子喜歡的貼紙，貼在規定的時間刻度上，做出孩子專屬的計時器。

　　切記，當妳跟孩子約定好幾分鐘，就一定要準時達成，假若孩子哭鬧，也不可以在時間到之前妥協，這樣會加強他「哭鬧有用」的想法。

　　溫柔而堅定地替孩子做出正確選擇，就是成人的工作。

再怎麼哭鬧，也要耐住性子

　　我和亮亮曾一起共讀「皮皮與波西」的系列繪本，其中有一本講到雪人，亮亮興奮地說想要做雪人！當天洗澡時，看到家裡有一種泡泡液是可以做出造型的，於是在洗澡時，我們就一起做了雪人（泡泡人）。

　　亮亮好認真地說：「這個球比較大，是肚子啦！小小的要放肚子上面唷！雪人還要有手手啊，這裡怎麼沒有鈕扣？」最後還幫它加了帽子，心滿意足地看著它說：「這是亮亮的雪人。」

　　一會兒後，雪人開始消泡。亮亮比我還早發現：「媽咪，妳看這邊有很多小小的泡泡不見了。」接著雪人開始東倒西歪，興奮的小臉轉為擔心。我順勢解釋雪人為什麼會融化、泡泡為什麼會消泡。聽的亮亮的小臉越皺越緊，聽到我說最後雪人會變成一灘水時，「哇」地一聲，大哭起來：「亮亮不要雪人融化啦！媽咪再做一個新的雪人吧！」

　　如果是妳，遇到這種無傷大雅的狀況會怎麼做呢？大多數人會選擇讓孩子得到一個新的雪人，花一分鐘的時間就能再做一隻，何必跟他耗時間？但我對亮亮這樣說。

：「媽咪知道雪人不見了妳很傷心，但是我們今天不
做雪人了，如果妳喜歡雪人，明天媽咪再陪妳做一
次。」（**先同理孩子，接著給一個你能接受的作法**）

：「不要不要……（哭）」

：「媽咪可以在這邊陪妳傷心、陪妳看雪人融化，但
一天還是只能做一次雪人哦！（**原則**）媽咪牽著妳
的手手一起跟雪人說掰掰明天見，好嗎？（**兩個選
擇**）」我耐著性子對亮亮重複說。

：「不要雪人融化……不要不要……媽咪在這邊陪我
看雪人融化。（哭）」

：「媽咪可以陪妳看雪人融化，但是弟弟已經肚子餓
餓（正抱著因為肚子餓而哭的好好）。我在這邊陪
妳看五分鐘，妳可以跟媽咪一起出去吃晚餐，或是
媽咪先去餵弟弟吃晚餐，弟弟吃飽後，我再回來陪
妳。」（**不要被孩子牽著走，該做的事仍然得做。**）

：「不要，弟弟很餓沒關係，弟弟可以哭一下。」

　　但我當下設定好了計時器，五分鐘時間到了之後就離開，利用計時器量化時間，讓孩子學習等待。

　　離開時，亮亮當然哭著說「媽咪陪我！」但大概過了一、兩分鐘之後，浴室又安靜下來了。

　　餵完好好之後，我帶著他回到浴室，看到亮亮盯著雪人最底下的部分，說泡泡「融化」了。

：「對啊，泡泡融化了，雪人會不見，可是媽咪還在，明天會陪妳做一個新的雪人。妳看，我們有三種顏色，粉紅色、綠色、黃色，亮亮明天想要做哪個顏色的雪人呢？」（**給孩子一個好的期待。**）

：「綠色的！」

　　接著我陪亮亮穿衣服，期間還是有她哽咽的哭聲伴隨，但至少她行動配合我了。牽著手，癟嘴跟雪人說 bye bye，上餐桌吃晚餐。

　　我們並沒有約定只能做一個雪人，我其實可以再做一個給她，可是為什麼我沒有這麼做呢？因為我想讓她知道，這世界不是每件事情都能夠讓她稱心如意。

　　因為我愛她，所以願意慢慢陪她練習度過所有不如意，日後，在沒有了深愛的家人給予無上限的包容以後，她能夠擁有獨自面對挫折的能力。

　　因為愛，我們願意不停地滿足孩子，但是長大之後的人生，社會沒有辦法給這麼多次機會。

　　所以啊！我認為孩子練習這些挫折最好的時機點就是在深愛的父母身邊，尤其當孩子年紀越小，妳也比較有耐心去引導和陪伴他，這就是我不停推廣教育要從 0 歲開始的原因。

5 自然後果和邏輯後果

　　在蒙特梭利裡，孩子做的每一個行為都該發自於「心」，我們當然應該要如同蒙特梭利所強調的，跟隨孩子、觀察孩子、了解孩子，盡可能不去破壞他們的節奏，但不代表我們就應該事事讓步，我們可以做的是用「後果」來教導他們為自己的行為負責，而後果又可以分為「自然後果」與「邏輯後果」。

　　「自然後果」指的是行為本身導致的結果。例如，不吃飯會餓，衣服穿反會不舒服等等，把權力交給孩子，讓他體驗行為帶來的不舒服，是養成自律的極佳方法。但並非所有事都有「自然後果」，這時就由照顧者創造「邏輯後果」。

　　例如，靠近爐火會被燙傷，孩子沒有被燙過怎麼會懂呢？所以當孩子靠近滾燙的鍋子時，立即將他抱到安全地方。邏輯後果的訂定，必須相關且合理，例如孩子不收玩具時，由父母收拾且沒收玩具三天，比要他罰坐五分鐘更合適。

　　無論是「自然後果」或是「邏輯後果」都要記得：提前跟孩子說明可能會有的結果，讓孩子自行選擇、判斷，而且後果都要是成人能接受的，不要孩子選另一個妳又不滿意。事發後也不跟孩子秋後算帳，因為孩子已經由後果學習到教訓，無需

更多處罰或是叨念。

　　用體驗後果來學習，不代表忽視或是不管，相反地，必須要有溫柔且堅定的內心，在事發時保持鎮定，並在事後給予孩子同情和理解（非說教），帶著愛地放手。

　　不要問我孩子多大才能這樣教，我的理念是，只要是正確的事，就算只有 0 歲也該做，沒有小時候可以，長大不可以的道理喔！

透過小挫折，累積能量成為更強壯的人

　　每天早上我會跟亮亮一起澆花，接著把盛開的花採下來，插在玻璃瓶裡欣賞，這個過程可以讓孩子練習倒水不灑出，而且小小孩非常喜歡跟水相關的工作。

　　那天我們採下一些花束，準備了插花工具在桌上，但是亮亮在我上廁所時，急著想先開始工作而打翻了花瓶。打翻當下，我不在現場，所以並不知道亮亮是故意的，還是不小心的，但是我的作法都一樣。我說：「打翻了就一起整理吧！因為打翻了，所以今天的插花活動結束了，明天妳可以小心地再繼續插花噢！」接著我就把花瓶收起來，將鮮花一朵朵剪下，再利用透明膠帶變成鮮花貼紙活動。

　　收起花瓶，沒有進行她最喜歡的插花活動，讓亮亮很傷心。

如果孩子不是故意的而是不小心打翻的，為何不能再給她機會呢？

是的，在我家就是這樣。我試著教導亮亮，有些事情就是只有一次機會，如果妳今天「不小心」沒有做好，那沒關係，媽咪會陪妳一起整理（不會額外懲罰她），明天妳可以「更謹慎」地再練習。當然，妳家

想要給孩子兩次或是三次機會，也是可以的，最重要的是說到做到！

說到這就要提到，我家是以**「不打、不罵、不威脅、不利誘、不恐嚇」**為大方向的教育理念，我認為小小孩光講道理是沒用的，必須以事發的後果來學習。以花瓶事件來看，不小心打翻花瓶的後果，就是今天不能插花了，如果喜歡插花的話，那麼以後就要小心。

今天我們是家人的身分，可以也願意給孩子很多次機會，但是以後在外面就不見得每個人都能這樣對待孩子。舉個蒙特

梭利教室的例子，孩子有一項工作是榨柳橙汁，要自己榨完再喝掉。假使今天妳的孩子在過程中「不小心」打翻了果汁，妳會央求老師再給孩子一顆柳丁來榨嗎？

　　教室的作法會是這樣：請孩子去詢問其他同學，能否分他一點柳橙汁或是柳丁，但是其他孩子當然可以有不分享的權利，最後很可能妳的孩子只能眼巴巴地看著大家喝果汁，自己什麼都沒有，還可能要整理打翻的柳橙汁。父母看到這狀況一定會很心疼，很殘酷嗎？我覺得不，在孩子傷心時，有深愛的父母給予支持和陪伴，孩子能透過許多可承受的小小挫折，累積能量成為更強壯的人。

6 種植花草：
耐心等待孩子犯錯

　　我其實是個不怕孩子犯錯的成人，可是對我來說，最困難的是這過程中得不斷忍耐。看著孩子將布丁液倒入烤杯時，不小心灑出杯外；看著孩子快要撞到桌腳，要不要提醒他呢？

　　提醒會讓孩子失去自覺，過度的提醒反而會讓這件事成為成人的責任，好像孩子打翻東西、撞到桌腳是成人的不對一樣。要知道**孩子是沒有辦法經過提醒而學會小心，只能在實際體驗後，將事件記到腦海中。**

　　舉個實際發生過的例子，我家的長壽花日漸枯萎，後來，好亮終於發現了。

　　「要澆水，要澆水……」好好搖頭晃腦地拿著澆花器給我補水，我遞給好好澆花器，陪他走回書桌看看花，並問了好亮。

　　：「你們為什麼需要澆花器呢，怎麼啦？」（**在孩子主動發現問題時，不要急著指出錯誤。**）

　　：「媽咪，盆栽枯萎了。」亮亮努力地按壓澆花器。

：「妳從哪裡覺得它枯萎啦？」（**不批判孩子做錯的部分，事件的不好後果已經是她的體驗。**）

：「它的花變成咖啡色的，一碰到就會掉屑屑，而且它的土也乾乾的。」

：「真的耶，妳觀察得很仔細，那妳覺得為怎麼會這樣呢？」（**讚美她的觀察力，提醒她問題點在哪？**）

：「因為弟弟沒有澆水。」（**孩子會試圖把錯推給他人。**）

：「噢？但這個盆栽是誰的呢？我看它先前都在妳的桌上。」

：「是亮亮跟弟弟的啦！」

：「原來是你們兩個人的啊，那妳覺得弟弟為什麼會忘記澆水？」（**不追究責任在誰身上，討論下次不再犯的方法。**）

：「因為他只有兩歲，還不會照顧植物啊！」

：「有道理耶，那妳會照顧植物了嗎？」（**堆疊身為姊姊的成就感。**）

：「我四歲！當然會啊！」

：「四歲的小朋友可能真的比較會照顧植物，那四歲的黃亮亮知道要怎麼讓花不枯萎嗎？」（**讓孩子自己說出答案。**）

：「要記得澆水！千萬不能忘記，忘記就會變成現在這樣！」

：「哇，亮亮抓到一個重點，就是不能忘記，如果忘記就會再讓盆栽枯萎。我想了一個好方法，每天固定一個時間做，會幫助妳記得澆水嗎？」（**先肯定孩子，提醒她一個好的做法。**）

:「那就刷牙完之後澆水吧！如果我忘記了，妳要提
醒我喔，因為我四歲可能會忘記，但妳已經很老了，
不會忘記！」亮亮想了想，歪著頭告訴我。（**喂！
居然敢說我老！**）

犯錯，正是學習做好事情的關鍵

這次的事件我等了兩個星期，等到花終於謝了，明顯到足
以讓好亮發現，才有以上的對話。

過程中我不提醒他們記得澆水，也不責備他們為什麼沒有
照顧好盆栽。因為，在這個階段的孩子，沒有辦法因為被言語
指責而做好事情，負面的言語只會讓他覺得自己「做不好、做
不到」。所以我選擇用結果（花枯萎了）幫好亮上一課。

看到他們眼底的擔心，手焦急地按壓澆花器，明顯能看到
孩子發現自己做錯了，毋須成人落井下石地指責他。比方說：
「提醒過你多少次要記得澆花？為什麼這麼簡單的工作都做不
好呢？這是你養死的第 N 盆花了。」在孩子做錯事情時，成人
常常給予指責、批評、不信任的言語，卻忘了在孩子修正問題
之後給予肯定，告訴他妳相信他下次可以做得更好，讓孩子也
能相信自己做得到。

我們常常希望孩子的第一次都能做好，不要摔跤、不要打

破器皿、不要犯那些你我都犯過的錯、走錯的路，卻忘了，孩子最不缺的就是時間，還有一輩子等著他學習呢！

我們想要孩子成為怎樣的人，自己首先就必須是那樣的人。

讓孩子學習照顧自己和 維護周遭環境的事例

● 插花

不只是大人，小小孩也很重視生活中的美好，能夠幫忙讓家裡變漂亮，會讓他們很有成就感。

那雙小小的眼睛對世界充滿好奇心，利用認識不同時期綻放的花、認識不同的節氣的代表植物，像是端午時，可以聞到艾草淡淡的香氣，透過插花，訓練手的細部動作，學習優雅且溫柔地對待花朵，小心不打翻花瓶，欣賞植物的美好，是很適合練習專注力的工作！

1. 介紹花的品名。

2. 選擇花瓶（見圖1）。

3. 裝水到水壺。

4. 花瓶裝上漏斗。

5. 由水壺倒入適當水量到花瓶（見圖2）。

6. 選擇喜歡的植物放入（見圖3）。

7. 用杯墊放在花瓶下方，擺放到桌上供人欣賞。

● 種植物、澆水

我覺得種植物很有意思，無論是成人或是孩子，都能從中得到樂趣。除了可以練習澆水的小肌肉，觀察植物生長也是難得的經驗。蒙特梭利相當重視照顧環境的教育，這裡的「環境」泛指我們周圍的一切空間，尤其是孩子所處的主要環境。

孩子可以透過日常生活教育中的照顧環境，來了解自己和所處環境之間的關係，植物的栽培與照顧就是其中之一。教導孩子觀察生命的現象，藉由此培養興趣，也能體會父母及老師的照顧與關愛，並產生感激的情懷。

此外，澆水工作能訓練到手的細部動作，精進手腕、手臂的能力，從中可以練習到感知濕濕的、輕輕的以及觀察力喔！

　　小朋友還不懂澆水的分寸是正常的，需要透過反覆的練習才能學會此技能，不用當下馬上阻止他，記得在盆栽底下墊個小碗盛接多餘水分，澆完再由媽咪拯救植物，倒光水、晒太陽就好。

● 擦桌子

　　照顧環境能夠讓孩子增加自我價值感，並培養「我能幫助家裡」的能力。

　　擦桌子這項工作不光只是「擦」本身，還搭配孩子最喜歡的水，透過清洗抹布的過程，手腕旋轉、手指抓握擰乾，再把髒髒的桌子擦乾淨。

　　除了擦桌子外，也可以擦地板、擦椅子或是擦櫃子哦！

1. 準備一條乾的抹布跟濕的抹布。
2. 一隻手壓在桌上，另一隻手壓著抹布，從左到右擦到中間（一次擦半張桌子）。
3. 擦完兩次後改擦桌角。
4. 太濕的地方記得用乾抹布擦過。

● 分類襪子

掛衣服太難，折
衣服也不容易，媽媽
每天都要洗衣服、晒
衣服、折衣服，小小
孩看著也好想參與其
中。這時，可以請孩
子把一樣顏色和造型

的襪子分類放好，協助媽媽做後續動作，大一點的孩子可以讓
他幫忙把襪子夾上晒衣夾，練習手指肌肉。

● 打泡泡

1. 準備一盆水，以及一條乾毛巾。

2. 在水中加入一匙洗碗精，使用攪拌棒開始攪拌到完全起泡，此過程可以訓練孩子的手腕肌肉。

● 擦玻璃

孩子在看到髒髒的東西之後，經由自己的打掃，從不亮變成亮的，這是由自己創造出來的改變，透過努力而讓東西變得不一樣，從中得到驚喜的成就感。

1. 準備噴水瓶（裝好清潔劑）及適合擦拭玻璃的海綿。（見圖 1）

2. 將清潔劑噴上玻璃。

（見圖2）

3. 再用海綿不斷來回擦
拭。（見圖3）

4. 讓玻璃閃亮亮後去洗
手。

若孩子年紀較小，省略
掉清潔劑直接用刮刀刮水珠也可以哦！

PART 3

好好説話

我曾經說過，想要孩子長得好，只需要三個條件：好好
吃飯、好好睡覺，以及好好愛他。
由此可知，好好說話絕對是養育孩子的重要肥料之一。
有些人會說，孩子哪有這麼嬌貴，連罵一下都不可以？
這樣會養出小霸王吧！
我認爲好好說話不僅是口氣溫和地對待孩子，更重要的
是讓孩子理解大人在想什麼。

① 孩子如果說謊，是因為他太愛妳

隨著孩子長大，妳也許會發現他不僅會犯錯，還會說謊。究竟要如何改善這件事呢？當孩子誠實地說出自己做錯事時，妳會做何反應？

其實，妳的反應會讓孩子決定要不要對妳說謊，他的心裡可能會這麼想：「如果我說實話的話，就會讓深愛的媽咪生氣、難過，是不是賭一把，乾脆騙她好了？如果我說謊而且沒有被發現，我就還是媽咪最心愛的寶貝了！」

跟大家分享一個關於好好的故事。

某一次在家時，好好跑向我，神情緊張地說：「媽咪，打翻了。」

我當下聽到，並沒有感到很驚慌，只有詢問他：「你打翻什麼呢？帶我去看看吧！」

以下是我的作法：

1. 先了解狀況，永遠對孩子的行為保持好奇心，不要妄下定論

胖嘟嘟的小腿，咚咚咚地帶我去廚房。

「鹽巴打翻了啦！」

不看還好，一看差點暈倒，整罐鹽巴撒得整個廚房地板都是。

2. 不帶批判地陳述事實

面對這種情況，相信很多媽媽當下的反應都會是：「你怎麼把鹽巴撒得滿地都是！」

但我決定改變說法，深深吸了一口氣之後，我這樣告訴好好。

 ：「我看到鹽巴打翻了，地上到處都是。」

 ：「很多，鹽巴很～～多！」好好點點頭。

3. 提醒規矩，要求孩子練習負責

 ：「媽咪有告訴過你，廚房檯面上的東西是我的，不是小寶貝可以碰的，請你去拿掃把跟抹布給我，一起整理吧！」

好好飛快地拿了打掃用具，喊著：「我也要幫忙！」想當

然爾，他幫忙的過程，鹽巴揮出去的比掃進來的多，案發現場從廚房熱炒區蔓延到中島。

我試著控制自己，不說出「請你不要再越幫越忙」，只提醒好好待在熱炒區打掃就好，直到他對打掃失去興趣，意興闌珊地問：「好了沒？」

這時候你要了解孩子做不好是正常的，不要因為他做不好，就去否定他那顆想把事做好的心。我趁這個機會，把地上大致上掃過一輪。

：「你覺得呢？地上還有鹽巴嗎？」（**提醒孩子繼續觀察現狀。**）

：「咩有～可以去玩玩了嗎？」

：「好好可以去玩了，謝謝你誠實告訴媽咪打翻鹽巴，不然大家經過時都會踩到，家裡就會變得到處都是鹽巴。而且如果媽咪是直到要做菜的時候，才發現沒有鹽巴，食物就會沒有味道，謝謝你第一時間告訴我，這樣晚一點我就可以去買鹽巴。」（**誇獎孩子誠實，告訴他誠實的優點，可以減少媽咪的困擾。**）

：「好好下午想吃什麼點心呢？」（**試著給孩子另一個後果。**）

：「蒸蛋好了！」語畢，一溜煙地就去找亮亮玩玩具。

之後我做了一份沒有鹽巴的蒸蛋，下午好好吃了告訴我。

：「蛋蛋沒有味道。」

：「大概是因為鹽巴打翻了，媽咪沒有鹽巴可以放到蒸蛋裡。那好好記得蒸蛋要加多少鹽巴嗎？」（**讓孩子記得。**）

：「一份鹽巴，不可以打翻。」

　　因為好好很貪吃，所以我用他最有感的方式來體驗後果（蒸蛋沒有味道）。

當孩子據實以告，妳是否能坦然面對？

我們都希望能成為孩子可以無話不談的對象，身為照顧者的我們，一定都會願意陪孩子經歷所有不如意，用我們最大的愛去幫助與鼓勵他。但是，妳「看起來」是這樣嗎？

當孩子打翻牛奶、當孩子在牆上作畫、當孩子在學校打架、當孩子考試成績不理想……遇到這些狀況時，妳會怎麼應對呢？

妳是不是會選擇用負面言語告訴他：「怎麼這麼粗心！」「說過多少次不能畫牆壁！」「不可以打人你聽不懂嗎！」「你在學校上課時，到底有沒有專心聽課！」

妳能不能相信孩子絕非故意，而是有他的原因，並且很樂意學習與改善呢？

當牛奶被打翻時，我們可以去注意他是為什麼打翻的？告訴他：「請坐在椅子上，兩隻手拿著慢慢喝。」

當孩子在牆上作畫時，我們可以去注意，是否沒有讓孩子明白能畫畫的範圍標準？我們能給他明確的指示：「畫筆要在桌子上使用，而且要記得坐著畫畫。」

當孩子在學校跟同學打架時，我們可以去了解為什麼他會動手，並告訴他更好的作法：「如果同學打你，你要大聲地說『請不要打我』，然後跑去找老師，不要打回去。」

　　當孩子成績不理想時，我們應該了解孩子是不是有哪裡不懂，並且協助他。學習路上只有會跟不會，成績絕非重點，如果孩子有不會的地方，就一起找出答案吧！

　　跟妳們分享我的一個神奇咒語，當孩子犯錯時，可以在心中默念三次：**「孩子最愛的人是我，絕非故意要惹我生氣。」**

　　請相信孩子有一顆想做好的心，帶著他再練習一次吧！

② 滿足大人「期待」的孩子

　　蒙特梭利說過，孩子是因為成人的信念，而變得偉大。

　　最近學校出現新生，在送好亮上學時，會看到像這樣依依不捨的場景：孩子緊抓媽媽的手不願進學校，而媽媽同樣沒有底限地安撫孩子，直到老師介入才肯離去。

　　某一次我因為雨勢太大，導致路上塞車，比較晚才抵達學校接好亮，學校還剩下幾個仍在等待父母的孩子，這當中，有一名新生剛好走出校門，我看到他的媽媽帶著愧疚的表情，告訴這個還不太會說話的孩子：「寶貝對不起，媽媽遲到了。」孩子沒有太大的反應，默默地看著媽媽。他的媽媽接著說：「路上車子好多，又剛好碰到大雨，所以媽媽到現在才來接你，你一定等很久吧？一個人很寂寞吧？會不會很難過？下次媽媽一定會準時來接你的。」孩子慢慢皺起眉頭，開始哭了起來。他的媽媽見狀，慌張地說：「對不起！對不起！我們回車上吃點心吧！」

　　於是他們離開了，好亮也剛好走出來，我說：「今天雨好大哦，你們有注意到嗎？因為下雨，所以媽咪開車開比較慢，現在才來接你們，下次雨天我會提早出門，準時帶你們回家。」

好亮點點頭，跟我談起下午的滂沱大雨、聽到了好大的雷聲、看見霧茫茫的景色，好像一點也不在意我的遲到。

不過度以孩子為中心

在孩子成長的過程中，父母親不可能不犯錯，許多時候我們會認為錯在自己，而放大了孩子的感受。

「對不起，媽媽撞倒你的積木，你不要生氣啦！」

「對不起，媽媽忘記帶你去動物園玩，你不要難過哦！」

在孩子真的有這些反應之前，你就先提醒了他，好像孩子沒有生氣、沒有難過、沒有那些負面情緒，就不符合父母的「期待」。

當我們太愛孩子時，容易變得不理性，強化孩子那小小的負面感受。

如果今天換作是朋友呢？萬一我們遲到了，會說「抱歉啦，剛剛晚了一點才出門」；忘記跟對方的約定，也會告訴他「下次我一定不會忘記，真的很抱歉。」我們不會急著在對方不開心之前，就預設他會不開心，也不會放大對方的感受，也會懂得體貼他人將心比心。

我常提醒大家，「孩子哭」真的是一件很正常的事，因為孩子還不會處理情緒，而哭只是他們最直覺性的表達情緒方

式，千萬不要因為擔心孩子哭，就試圖做那些能讓他不哭的補償方案。

　　當孩子發現父母親非常在乎他的哭聲，多麼以孩子為中心，在這個過程中，孩子的自我就會不斷被加強，最後，他就會被餵養成必須以「自己」為中心思想的那個孩子了。

　　孩子的心胸很寬大的，尤其是面對深愛的父母，**犯錯時，只需要真誠地道歉，並告知下次會做到你們所約定的事情，孩子一定也會願意無條件地相信父母的。**

犯錯，絲毫不會減少孩子對妳的愛。

過度的讚美並不適當

在我小時候，我母親那一輩的家長盛行一種「刻意貶低孩子」的風氣，不會誇獎孩子，只會放大缺點，一旦表現得很不好，就代表我們只是平庸或差勁的小孩。也許是這樣，造成現在的父母親就連非常小的事情都想要讚美孩子，例如好好吃飯、收拾玩具、乖乖配合換尿布、願意洗頭……這些孩子本該做的事。

讚美孩子不是不行，但是需要妳實質上地讚美，**無需過度渲染的言語，從我們透露出的語氣、眼神，就能讓孩子得到肯定**。

什麼叫做「實質上」的讚美？孩子將拼圖完成了，妳可能會說「你好棒喔！」但我認為，這是有點抽象的讚美，**試著將「你好棒、好聰明喔！」改成「明確的讚美」**。像是「你很專心地把拼圖拼完了，而且比上次拼得還要快呢！」也許妳覺得這聽起來太矯情，但是使用針對性的讚美，可以讓孩子明白他努力的目標。

關鍵在於：妳是否出自肺腑之言？

　　父母親最大的問題，就是預設小孩的腦袋非常簡單，聽不出來大人用「真的假的？」「好棒噢！」「好厲害喔！」這種隨口說說的語句敷衍他。

　　就像我所強調的，0歲的嬰兒也應該尊重他是一個「人」，孩子也能夠像大人一樣，聽得出這句話是不是虛情假意，也會仔細揣摩妳是怎麼誇獎他，研究妳是否話中有話，只有年紀很小的孩子，才會妳講什麼，他就信什麼，年紀大一點的，聽到讚美時，就會像大人一樣，研究這句話的真偽，一旦妳有哪次讚美時，被孩子解讀為沒有根據，那下次妳誠懇地誇獎他時，他都不會願意相信了！

　　我們不跟孩子講「你好聰明」，等於是將聰不聰明這件事情留給他自行判斷。當我們說「你好聰明」，其實代表的是一種外力介入，像是孩子在寫功課遇到難題時，父母親就會幫忙解答，這樣子反而剝奪他們自己找尋答案的機會。

　　不去讚美孩子很難，尤其在外頭，大家都在讚美自己孩子，好像妳不讚美，就會顯得妳的孩子表現很差，這種情況就像是一個想戒酒的人，到了一個場合，卻因為大家都在飲酒，自己也沒辦法不跟著喝的「社交飲酒者」，妳呢？是不是也是個「社交讚美者」呢？

跟著我一起換句話說

　　上面寫出了我們要針對「過程」來讚美，換個說法是：**我們認同孩子，但不讚美**。這是什麼意思呢？我們肯定孩子的努力，也指出他所畫的東西。像是畫很多線條、很多顏色，肯定這部分的努力，但是不需要有太多浮誇讚美。

　　亮亮小時候常畫一些我看不懂是什麼的畫作，試著讓孩子告訴妳，而不是以我們的觀感來設立框架。當孩子告訴妳這是什麼東西時，試著從裡面找出「妳能認同、努力的地方」。像是「你今天嘗試用兩種顏色混合在一起作畫耶！好豐富喔」「你平常都不敢加水用手抹，今天願意嘗試了耶！」「今天你自己畫好久，專注力好好喔！」等等。

　　從今天起試試看「有行為性、針對性」的讚美，從孩子做某件事的「過程」來誇獎他吧！

話語堅定，
不會影響孩子對妳的愛

好亮從小就被要求要有餐桌規矩，吃多少由孩子決定，不專心吃就離開餐桌（下餐桌後，得等到下一餐時間到才會有食物可以吃）。某天，好好吃飯很不專心，全家都吃飽了，他還在一匙一匙地把飯舀進湯裡，接著又攪拌來攪拌去的，看起來就是一副不餓、不想吃飯的樣子。

：「好好，媽咪看到你不專心吃飯，你吃飽了嗎？」（**不帶情緒地敘述情況。**）

：「還沒～」好好繼續撥弄那些食物。

：「如果想要認真吃飯，就要把食物放在嘴巴裡面。」（**提醒他正確的作法。**）

想不到好好不領情，繼續玩他的食物，甚至還把湯都灑出來了。

：「好好你的飯菜撒到桌面上了，媽咪已經設定好計時器，十分鐘後就要下餐桌囉！」（**我在預告規定。**）

：「好～」雖然嘴巴上說好，但他的動作卻沒有任何「好」的意向。

　　我控制住想繼續提醒他的衝動，看著好好準備面對後果，直到計時器響起。（**可以由此發現，更多的提醒並不會讓孩子加快動作。**）

：「好好沒有專心吃飯，媽咪抱你下餐桌囉！」（**執行後果。**）

我伸出手要抱他下來，好好卻把我推開，但嘴巴卻喊著「媽咪抱抱一下」。

：「沒問題，媽咪可以抱抱，但是要下餐桌了，下餐桌後我們就不吃飯了。」

：「不要不要，我還要吃啦！」好好挖了一口飯，硬塞到嘴巴裡。

：「媽咪聽到好好說還想要吃，但是我們約定好了，『逼逼逼』的聲音響了之後，我們就要下餐桌喔！」（**溫柔堅定地執行。**）

：「好好已經吃很久了，你看姊姊下餐桌，把拔下餐桌，媽咪也都吃光光了，好好還在玩食物。」（**提醒孩子的問題點。**）

：「我要吃，要吃啦！」好好哭喊著。

：「我聽到了，明天我們認真吃吧，媽咪抱抱。」（**不對他不認真吃這件事落井下石，只要堅定執行後果。**）

　　下餐桌後，好好坐在地上大哭，也嘗試想要爬回去餐桌上吃飯，我把餐盤放到水槽裡，告訴他我們不吃了。

　　好好還是很難過，在地上哭喊著「媽咪抱抱」，我靠近他，但他卻把我推開。

：「媽咪聽到你說想要抱抱，但是我一靠近，你就推開我，這樣我抱不了你。而且你伸手亂揮我會很痛，

我坐在椅子上，等你好一點再來抱抱。」（**孩子生氣時有情緒是正常的。**）

好好坐在原地哭了一陣子，才啜泣地跟我說「媽咪可以抱抱了」，我邀請好好過來。

：「好好準備好要抱抱了，來媽咪的腿腿上。」

：「我要妳來抱我。」好好邊搖頭邊說。

：「媽咪剛剛有過去抱你，也蹲在地上陪你很久，所以腰很痠。如果好好想要抱抱，就自己走過來。」（**不一昧地配合孩子。**）

好好又哭了一陣子，才慢慢地走過來，坐在我的腿上。

我輕輕地摸摸他的臉，抱抱他，直到好好說「抱夠了」，接著好像沒事一樣，跑去找亮亮玩，亮亮馬上跑過來找我。

：「媽咪，小寶貝難過都會哭一下子，但不會很久很久。」

：「是嗎？亮亮小寶貝也是這樣嗎？」

：「對啊，我很傷心也會哭耶！但我知道這是規定好的事情，所以沒有辦法啊！可是媽咪不答應我，我還是會很傷心。」

：「哭哭是很正常的，覺得難過可以哭，很生氣也可以哭，哭完我們就可以一起唱不生氣魔法歌好不好啊？」

：「好啊！」

：「那亮亮很傷心的時候會覺得我不愛妳嗎？」

亮亮搖搖頭告訴我：「媽咪最愛的人就是亮亮跟好好兩個小寶貝啊！」

接著遠方傳來好好、亮亮唱著：「好生氣，好生氣，快噴火了，bbb……」

正向教養最重要的事是無論如何都要讓孩子感受到「我愛你」。

我相信孩子並不會因為父母親遵守紀律，就覺得自己不被愛，反而會因為父母親擺動的規矩而感到不安，所以當妳的界線很分明，孩子就可以感受到這是因為自己違反了規矩，而不是爸爸媽媽不愛他。

孩子最需要愛的時候，就是他最不可愛的時候

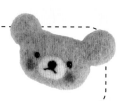

亮亮去幼兒園後適應良好，可是情緒變得不太穩定，一不合意就大哭，老師說可能是受同儕影響，希望過陣子就會變好。然而我跟先生對哭聲耐受度很低，畢竟好亮都算是不太愛哭的孩子，突然變成「一秒哭哭亮」讓我們很不習慣。

我明白哭聲聽太久，會使得大人也變得有情緒，我也不例外。每每被哭聲弄得瀕臨崩潰邊緣時，我都會回想起這句話：「當孩子所作所為處於最不值得愛的時候，正是他們最需要愛的時候。」

許多人「不允許」孩子發脾氣，當孩子哭鬧或大吼大叫時，著急地希望他們能快點平撫心情。

其實孩子表現出難過或生氣，就跟開心一樣，都是正常的情緒表現，那為什麼要急著處理掉所謂的壞脾氣呢？

在不影響或傷害他人的情況下，孩子當然有發洩情緒的權利，我們可以等他情緒穩定一點之後，再引導他說出為什麼不開心的原因，或是由妳詢問他是不是某某原因而不高興，並告訴孩子「有情緒沒關係，可以哭一下」，而不是對他說「不可以發脾氣，一直哭是壞孩子」。因為孩子還沒有成熟到能消化

感受，我們應該要引導孩子，讓他們知道情緒是被允許的，而不是試圖彌平壞情緒的感受。

　　舉例來說，我也會對亮亮產生理智快斷線的感受，像前陣子她在晚上睡前有個奇怪的儀式：把被子堆在肚子上，堆上被子後甚至又要堆水壺，而且還不准水壺掉到床上。

　　這光想就知道根本做不到啊！因為亮亮只要一動，水壺就會掉下來，接著她會大哭大喊著「不是這樣的！不可以掉下來！」我耐著性子安撫她：「這樣堆太高了，因為水壺一動就會倒下來，不然我們把水壺放在被子的隔壁陪亮亮睡覺吧！」但亮亮仍然哭喊著：「不要不要不要！亮亮就是想要水壺在被被上面，被被跟水壺都不可以掉下來啦！」

　　最後我放棄替她想其他作法，淡淡地說：「媽咪知道妳想要這樣，可是妳一動，東西就會掉下來，我也幫不上忙。媽咪照顧妳跟弟弟一整天好累了，也需要去休息，我可以坐在這裡等妳哭完，抱抱妳再唱一首歌，如果妳想要，我可以再堆一次。但是我跟妳約定好了，我只再做一次，然後我就要去休息了，可以嗎？」

　　亮亮閃著淚光點點頭，跳到我身上說：「媽咪唱〈寶貝〉。」唱完後，我把亮亮抱回床上，將被子跟水壺疊上去，亮亮的小手抓著水壺說：「掉下來的話，媽咪也沒有辦法了，亮亮不要哭哭了。」我其實可以鐵了心不管亮亮，讓她自己哭五分鐘，

哭完就會睡著了，但我願意花五十分鐘，坐在她的身邊，陪她
練習面對無能為力。

　　或許有人會問：「如果最後水壺仍然掉下來，而亮亮又開
始大哭該怎麼做？」

　　在我說完那段話，唱完歌就離開房間了，就算她哭，我
也不會進去。孩子應該要知道世上沒有任何人需要給另一個人
無上限的寬容，就算我是她的母親也一樣。而且我已經跟她耗
了五十分鐘，也告訴她這是最後一次，假如我離開房間，她一
哭我又回來，她就會知道「最後
一次」其實不一定真的是最後一
次。

　　當孩子發脾氣時，也正是
我們教導他們面對情緒的好時
機，千萬不要「便宜行事」、
放任他們無助哭鬧，因為這
樣有可能會讓孩子覺得自己
不被愛哦！

其實孩子表現出難過或生氣，就跟開
心一樣，都是正常的情緒表現。

PART 4

好好吃飯

教養教養，到底是先教或是先養？我們能夠做的第一件事，正是練習陪孩子好好吃飯。

只有吃飯吃得好，才能睡得好，進而情緒好，這絕對是要掌握的關鍵。

要植物長得好，需要陽光、土壤、水分；要孩子長得好，需要飲食、睡眠和愛。飲食跟睡眠是成長的根基，沒有好的飲食跟睡眠，要怎麼有好的情緒呢？

吃飯也是世界上最幸福的事，千萬不要讓孩子深陷在餐桌惡夢中，妳餵得很累，他吃得很沒成就感，最後對食物失去興趣。

要孩子長得好，就需要好的飲食當基礎

　　我很樂意在孩子不同的階段，提供不同的工具，就算明知道只是過渡時期產品。只要是能提升孩子自信心與提高動手做的動力就很值得，也許這就是亮亮願意「自己動手做」的原因吧！

　　讓孩子自己決定吃什麼、吃多少是剛開始自主認識食物的孩子，以及斷奶敏感時期很一件重要的事。

　　蒙特梭利在觀察孩子的過程中發現，孩子在某些階段的學習模式如同大自然中其他生物的「敏感期」。以毛毛蟲來說，剛孵化的毛毛蟲對光有敏感性，因此會爬上植物的末梢，啃食最嫩的葉子，當毛毛蟲長大後，能啃食較粗糙的葉子時，對光的敏感性就消失了。

　　孩子在敏感期受到內在驅使，樂此不疲地持續嘗試，但一旦錯過敏感期，內在動力隨之消失，就得花更多倍的時間才做得好。例如以副食品來說，有些媽媽無法放心讓孩子自主進食，等到長大之後，才要求他自己用餐具吃飯，但這時孩子卻不願意了，要求媽媽繼續餵他；或是開始口腔敏感，只願意吃剪碎或是軟爛的食物（所以我提倡給食物泥，再加上完整的固體食物）。

吃飯對孩子而言不只是吃飯，更是用全身五感來體驗世界的另一種方式！願每位孩子都可以好好吃飯。

純食物泥跟純固體

好亮的副食品是純食物泥跟純固體。意思是，不特別準備煮得軟或是切細碎的食物，只在完全的食物泥之後接著吃固體食物。我的精神理念是讓孩子決定他想吃多少，不強迫進食，並不單單只是給固體食物（或是不餵他）。

孩子耐心有限，在前 15 分鐘快速餵完食物泥，後 15 分鐘給他手指食物，一餐的時間最多不要超過 40 分鐘（我家抓在半小時左右）。我反對等到牙齒長足夠了才提供固體食物，我在我家這兩隻還是 6 個月大的「無齒之徒」時，就給手指食物了。

食物泥可以給足孩子所需的營養，而手指食物能提供五感體驗，兩者並行是我認為最好的副食品解法。

好亮兩個都是食物泥量達到 350ml 時，親餵自然離乳。（亮亮 10 個月，好好 6 個月）。亮亮到 5 歲生日前仍然保留一份早餐食物泥（餐後跟我隨便吃），午、晚餐則跟大人共食。亮亮 5 歲 2 個月時結束食物泥，當時好好大概 3 歲，本來想早點斷了早餐泥，但是亮亮一早起床就會喊著要「吃泥泥」，看著外面賣的早餐不夠營養，我又懶得從一大早就開始煮飯，可

是畢竟打食物泥真的很累，要不是現在要做好好的，真的很懶得替「老嬰」做食物泥啊！

我家一天要吃掉 350×3＋400＝1450 的副食品，每次做一份食物泥，最多也只有 1800 ～ 2000ml，也就是說，平均兩天就得打一次吶……（累癱）

在這邊也跟大家分享好亮食物泥食譜，全部一起煮熟打成泥即可，可以參考製作看看哦！

食物泥食譜

以下分量都是「未煮熟前」的重量，這樣煮完差不多 2000ml，大家可以依照需求，按比例增減即可。

澱粉：100g（如果是煮熟的飯則為 200g）

蛋白質：400g

蔬菜：500g（全聯的兩包葉菜左右）

水果：350g

香蕉：6 根（如果妳的孩子香蕉分量少也能吃得很好，可以選擇減少）

水：隨意，打完的泥的濃度只要是孩子喜歡即可。

大 V 家副食品

我是採取食物泥搭配固體食物，雙管齊下的方式（我反對其它不吃肉的派系做法），也曾經懷疑過孩子會不會其實很討厭食物泥。

隨著亮亮長大後我發現自己想太多了，因為到現在她的早餐仍然是選擇吃完 350ml 的食物泥之後再吃固體。

有些人會說他的孩子看到食物泥就哭，所以不得不走上其他餵食方法。

無論是轉吃固體或是邊看電視邊餵，威脅利誘等方式最終都會無效，原因沒有別的，孩子只 Follow 他的「心」。我認為吃跟睡是孩子最原始的「需要」，「需要」跟「想要」不見得一樣，**我們成人應該選擇對孩子好的，而不是孩子想要什麼就給什麼**。其實這就跟教養一樣，沒有一定正確的作法，但無論妳選擇什麼模式，孩子最終都會長大，所以只要選擇妳覺得舒服的模式就好。

以下提供幾個關於好亮進食的原則給大家：

用餐原則

1. 一日三餐（副食品跟奶同餐），餐跟餐之間沒有零食（水果、奶、米餅），只有水。

2. 食物泥後提供固體食物（不刻意剪小或是煮軟）。

3. 定時給餐，吃多吃少，由孩子自行決定（不吃就離開餐桌，到下一餐前只有水）。

4. 用餐時間保持 30 分鐘（正負 10 分鐘以內）。

5. 要求餐桌態度，吃飯專心不配玩具、影片，玩食物玩過頭就會收餐。

副食品重要嗎？

　　許多媽媽會認為「1 歲以前，奶是主食」，誤以為有沒有吃副食品都無所謂。但是我認為這句話的意思是，1 歲以前可以喝奶做為主食，但這絕對不代表能夠因此放棄副食品。

　　對孩子說，**副食品不是為了吃飽而已，而是為了有豐富的五感體驗**。摸起來是軟的還是硬的，吃起來是甜的或是鹹的，口眼協調地將食物送到口中，在餐桌上的社交對話等等，都是比孩子是否吃飽了還更重要的事。

　　好亮的胃口是我甜蜜的負擔，在能接受的範圍內提供合適的副食品是我的目標。我認為副食品是在這條育兒路上跟睡眠一樣值得堅持的事，只有吃好、睡好，情緒才會好。

　　許多人會說小時候睡過夜的天使寶貝長大後卻走歪了，大多是照顧者沒有追求副食品，還有人說 1 歲以前，副食品只是試味道，吃不好沒關係。我要大大地翻白眼說：「1 歲以前副食品吃不好，有很高的機率 1 歲後也不會好，更別說在睡眠上是否能夠穩定。」我不是要妳因此背負過大的壓力，而是希望大家想想，為什麼孩子吃不好？是練習次數不夠？是奶太多了？還是點心水果太多呢？

　　通常副食品吃不好的孩子都是因為奶或點心太多，但也因為孩子吃不好，媽咪更沒辦法放寬心讓他餓肚子（也有很多是卡在其他長輩照顧者的問題）。說自己的孩子不怕餓的，先想想妳讓他餓多久？如果只是餓白天，晚上仍然給奶了，就不叫有餓到，至少堅持一兩週以上睡前不給奶，再來說他不怕餓！

　　最後要說，**孩子的「需要」跟「想要」是我們得替他把關的**。孩子很可能不想吃妳精心準備的健康食物，卻在面對違禁品時，從「三口組」變成「三碗組」，更有許多在家胃口不好的孩子，在學校可是讓人刮目相看。原因沒有別的，他吃定妳會妥協，所以，請溫柔且堅定地替孩子做出正確的選擇。

關於副食品的各種問題

　　我知道副食品對大家來說都是一個全新的嘗試，如果孩子在外面胃口很好，但是在家裡則相反，那可能就是口味問題了。

　　很多人深怕孩子挑食，以為在副食品時期給他單吃較難吃的葉菜就不會挑食，結果孩子反而吃得很少或是吃不好。

　　以下有幾個我常被詢問的問題，也跟大家分享我的看法。

1. 食物泥真的不用分開打泥嗎？

想走食物泥的媽媽大多會看到分類打泥的相關資訊，彩色

冰磚看起來很療癒，感覺對孩子有滿滿的愛（可是就算混在一起，愛也不會減少啊！）我試著做過幾次，真的很累，尤其食量開始變大之後。

為什麼我說不用分開打？

第一是求營養均衡，分開打通常會讓孩子吃的量不夠平均。

第二是製作過程相對起來輕鬆許多，不用逼死自己。可以選擇先下慢熟的食材，起鍋前八分鐘加入葉菜，熄火後再加入水果。

2. 混在一起打泥是否會挑食？

以亮亮的經驗來看，不會。她到 1 歲 6 個月以前都是菜菜控，之後變成不吃綠色葉菜（根莖瓜類倒是很愛）。

而且也有很多其他派系的人跟我分享她分開打泥到孩子一歲多，結果孩子仍然挑食啊！

3. 多大可以吃肉？高低敏食材怎麼選擇？

我家都是開始吃副食品之後就開始吃肉（大概 4 個月大左右），母奶寶寶很容易缺鐵，副食品的肉類是很棒的鐵質來源。

至於食材選擇，我認為買安心來源的比起買什麼種類的更為重要，選擇當季時令食材就好囉，經濟能力許可的話，就買有機的吧，就算是慣性農法，當季盛產的食材，農藥也不會用這麼重。

4. 一天吃幾餐副食品呢？

好亮從第一天開始就是一日三餐，食物泥跟奶同一餐，5個月大之後餐距 5.5 小時，6 個月以前是先奶後泥，之後反之（不用間隔時間）。

另外，無論是想要奶多或是食物泥多，我都由孩子自行決定。

5. 亮亮已經吃固體食物了為什麼還吃食物泥呢？

營養均衡、熱量足夠是支持孩子良好作息及穩定情緒的根基。在寶寶 4 個月大時，許多媽咪都會面臨食物型態的抉擇，到底是粥派、泥派、BLW 派好？最後我選擇食物泥（非晴媽咪食物泥），加上泥後補固體。

一定會遇到孩子不想吃食物泥，想吃其他型態食物的問題，如果妳認同食物泥的重性，想繼續堅持下去的話，我的建議是**沒有好好吃食物泥，就不給固體食物**，孩子會明白如果想吃固體食物就得吃食物泥。

如果還是不吃食物泥就直接收餐，千萬別勉強孩子吃泥，只要妳夠堅定，他會回頭繼續開心吃泥的！

另外要注意，不要在給食物泥的當下，同時給固體。可以吃完食物泥之後再給完整的固體，並切成合適的大小（因為太小反而危險）。蘋果、水梨這種比較脆的食物也要避開給 1 歲以下的孩子。

可能是亮亮 10 個月大就自然離乳了，我也沒有再補配方或是鮮奶給她，就算固體食物吃的不錯，我還是擔心熱量不夠，亮亮的耐心無法支持她吃光一大碗食物，我更沒有信心三餐都準備營養均衡的固體食物，早餐只吃饅頭這種我也無法，更無法放寬心，讓她天天跟我外食……亮亮「想要」自主進食所有大人在吃的食物，但我認為她「需要」的是營養均衡！

所以就算亮亮固體算吃得不錯，但我還是持續給食物泥，打算努力到牙齒長齊或是她完全不願意吃食物泥的那一天（如果願意早餐一直吃食物泥就好了，早餐店的食物我都覺得沒有營養啊……）

6. 不喜歡吃副食品，那用水果代替可以嗎？

許多家長碰到孩子不好好吃正餐時，就選擇用水果做為替代品，認為有吃總比沒吃好（也覺得水果是營養富含維生素的食物），但我認為吃得正確比吃進去多少還來的重要，孩子如果都吃不好了，還一昧提供他喜歡的食物……這不是正解啊！我們應該要鼓勵孩子多嘗試，所以我常說水果是天然糖果，不建議吃太多，這在許多媽咪看來，可能會覺得有點可怕……

許多人都覺得亮亮情緒很穩定，算是專注度高的孩子，我覺得這跟限糖（醣）有相關性。我個人經驗（生酮飲食 3 個月瘦 10kg）是低糖（醣）飲食讓胰島素平穩，頭腦比較清晰，情緒相對穩定，我相信自己的親身經驗，所以選擇攝取固定分

量的水果，盡可能自己製作烘培品，減少外食、避免過多添加物，妳也可以親身試驗後，再替孩子做選擇。

在學術研究上難免會遇到「偏頗」，像是「脂肪」在以前是被大量打壓的，至今還可以看到許多人擔心使用油脂會造成心臟病等疾病，但這是美國糖業當時收買科研論文，以弱化糖類與心血管疾病之間的關聯，並直指飽和脂肪是這類疾病的唯一罪魁禍首。

近年來豬脂肪已被洗清冤屈，據全球百大營養食物排行榜上，豬脂肪因含有高維他命 B 成分和礦物質，比起其他肉類脂肪來得健康，進而榮獲第 8 名。

穩定血糖，情緒也會比較穩定。此外，糖還會造成肥胖跟蛀牙問題喔！

7. 如果孩子真的不喜歡所謂的健康副食品，該怎麼辦呢？

我認為他只是不夠餓，再加上知道有其他東西可以選，如果妳希望他吃妳做的料理，就不要給他更多外來的食物以及奶。就像是，孩子如果只願意吃麥當勞，妳不會只買給他麥當勞吃對吧？

那麼，為什麼我不給好亮吃粥呢？

粥裡的蛋白質跟蔬菜比例不足，加上普遍認定的粥並沒有煮成糜，不上不下的軟硬度對於銜接固體，還是會有落差。

有些媽媽會問，能否依照我的比例煮成粥呢？我不反對，

但通常粥的體積比較大，同樣吃 350ml，純食物泥會比粥的營
養成分高。

　　教養方式有很多種，無論決定怎麼做，只要是適合妳跟孩
子的，就會是最好的方式。

孩子的「需要」跟「想要」是我們得替他把關的。

如何不再追著孩子，要他吃飯？

　　妳跟小小孩吃飯時，是否會覺得很煩惱呢？每次孩子吃飯前，妳忙東忙西準備食物；孩子在用餐時，妳催促他要吃多少、吃快點，不要拖拖拉拉。

　　我認為，要改善這樣的狀況，要先改善的是餐桌氣氛。我們都有過跟心情不好的朋友吃飯經驗吧？整頓飯下來只想快點離開，怎麼可能好好享用餐點呢？

　　在我家餐桌，孩子可以決定要吃多少分量，而吃什麼內容、什麼時候吃飯，則由成人決定。第一次的餐盤上請放最少的分量，一口的青菜、一口的肉、一點點飯。讓孩子有機會吃完，並跟妳說「還要」，再依照孩子的喜好給予對照的分量。（要全部吃完才能吃下一輪。）

　　孩子若出現亂丟食物的狀況，請給他一個碗，這個碗是放寶貝不想吃的東西，讓孩子知道他有不想吃的權利，同時也要教導孩子，吃飽時可以用肢體表達（例如手語，或是把餐具放好），會講話的孩子可以教他說「我吃飽了，大家請慢用」。

　　孩子吃不好，大部分都是因為「其它東西吃太多」比起要求他多吃一口，不如告訴自己先拿掉孩子過多的奶、零食或是

水果吧！

　　我的理念是「成人準備合適的食物與用餐時間，孩子吃多少自己決定」。如果胃口不好，不吃飯我會尊重他，但在餐跟餐之間沒有零食、水果，只有水喝。

　　這時候就會有媽媽問我：「孩子餓怎麼辦？」那就讓他飢餓一下吧！這是不吃飯的「自然後果」，因為孩子是透過後果來學習的。與其在餐桌上「彼此傷害」，搞得媽咪餵食很累，孩子吃得辛苦，讓吃飯這件本來應該開心的事，成為妳跟孩子的壓力來源，得不償失啊！

是妳需要孩子吃這麼多，還是孩子需要吃這麼多？

　　「若要小兒安，三分飢與寒。」這是出自明代著名醫學家萬密齋的著作中，一段很有智慧的話，意思是如果想要孩子平安健康，就不要給小孩子吃得過飽、穿得太暖。

　　中醫認為，小孩子是屬於純陽體質，新陳代謝旺盛，需要的營養物質相對會比較多。但是孩子比較小，消化機能不健全，如果吃得過飽，對孩子比較弱的脾胃消化道是非常不好的，過早加重他的腸胃功能負擔、造成積食，會引起腹脹和便祕等症狀，長此以往，對寶寶的生長發育是很不利的。

　　友人或長輩聽到我家雙寶從 5 個月大起就是一日三餐，都

紛紛表示驚訝，畢竟大家的觀念都是奶中間夾著副食品，一日6～7餐是很常見的事，深怕奶量不足，副食品吃太少。

　　但正常成人都是一日三餐，只有在身體不適的時候，醫生才會請病人少量多餐。同樣的，孩子只是年紀小，身體沒有異狀啊，如果妳可以認同成人會有胃口大小之分，何不相信孩子不會餓到自己，只是他的胃口沒有妳想要的大。（前提是妳提供正確的食物。）

邀請孩子一起來製作食物

　　蒙特梭利說：「若要追隨孩子的內在驅動力，食物製備就是最吸引他們的工作。」

　　2、3歲的孩子為了工作而工作，他們做食物製備的工作不見得是為了想吃，而是很愛工作本身；而4、5歲的孩子很愛準備食物，大多是因為他喜歡吃這個食物，5歲以上的孩子做食物，則是為了得到成就感，想要請別人吃。

　　由此可知，「孩子工作是為了建構自己，在乎的是過程。」

食物製備

　　提供一些在家也很蒙特梭利的工作給大家做參考，帶著孩子一起過生活，就是最棒的小日子。

●蒸蛋／布丁

　　透過做蒸蛋的過程，孩子可以認識蛋的不同形態（水煮蛋、蒸蛋、荷包蛋等），也可以練習打蛋、攪拌、倒水以及善後清潔等工作。

　　蒸蛋也是小小孩最愛吃的食物之一，請把今天做蒸蛋的工作交給孩子吧！

步驟：

1. 坐在孩子的右斜前方，先介紹工具：「這是雞蛋，這是打蛋器，這是碗，這是鹽巴，這是水。」讓孩子有機會去認識工作，想拿來觀察也沒問題。

2. 每個動作都放慢開始示範。
   媽媽先把一顆蛋拿起來，在桌子上敲一敲，說：「你看，雞蛋裂開了，裡面裝的是黏黏的蛋清，保護著蛋黃。這是生雞蛋，寶貝想要摸看看嗎？」

3. 慢慢加入高湯、鹽巴，練習手腕肌肉的攪拌，過篩之後，再請媽媽拿去蒸熟。

4. 練習等待成品，布置餐桌，然後吃光光！

Q & A：

Q：鹽巴失手怎麼辦？

A：教他只能放 1/2 湯匙。
   如果下手太重，當孩子把蒸蛋液送來廚房時，我會趁他沒看到時，再多打一份蒸蛋液平均起來。
   失手時也可以提醒他，鹽巴放太多了。（但不要否定他，偷偷幫他修正就好。）

Q：打翻蛋液或是灑太多出來，只剩下一些蛋液怎麼辦？

A：一起整理，並告訴他今天不小心打翻蛋液，所以沒有蒸蛋可以吃了，要不要洗一份水果來吃呢？

如果是灑出來只剩下一點點的話，照樣蒸給他，孩子如果問怎麼這麼少，輕聲告訴他：「因為剛剛打翻了一點點，如果下次想吃很多，就要更小心地端哦！」

●水煮蛋

雞蛋是蒙特梭利教室裡，最常出現的食物，水煮蛋更是許多 1 歲孩子進教室之後，第一樣想做的工作。

請先幫孩子把蛋煮熟，放涼一點之後再給孩子，在保有溫度時，讓他體驗什麼叫「熱熱的」，等到涼了之後再練習剝蛋殼。

步驟：

1. 介紹需要的工具：水煮蛋切割器、裝水煮蛋的碗（把蛋拿出來之後可以拿來裝蛋殼）、夾子、食器（碗跟湯匙）、手帕。

2. 將水煮蛋拿出來，認識水煮蛋的外表，有不同的顏色，摸起來粗粗的，比較鈍的地方有氣室（見圖 1）。

3. 將水煮蛋敲出痕，剝開第一塊蛋殼，將蛋殼放到空碗，直到全部都變成白嫩的水煮蛋，請孩子再摸一次水煮蛋的觸感（見圖2）。

4. 將蛋放入水煮蛋切割器，壓下切割器，用夾子取出切片的雞蛋，放入食器裡吃光光（見圖3）。

● 餅乾

餅乾出爐時，滿屋都是餅乾香，看得到製作餅乾時，孩子期盼的表情，若周圍有其他孩子，也可以邀請孩子練習分享的美好。

練習分享時請記得，要在一開始的時候就提出邀請，不要等到他快吃完了，才問他願不願意分享哦！

步驟：

1. 介紹用品：「這是低筋麵粉，可以用來做餅乾跟蛋糕。這是糖，吃起來甜甜的，還需要一顆雞蛋打散，摸起來

軟軟的奶油。」

2. 將奶油跟糖攪拌均勻後，再將打散的蛋液分三次加入，
每次都要攪拌均勻後再倒入蛋液，最後再加入麵粉成團
（見圖 1）。

3. 可以選擇捏成小球再壓平，或是利用桿麵棍桿平後壓
膜，取下造型麵團（見圖 2）。

4. 進烤箱烘烤，準備夾子跟保鮮盒，等待烤好的餅乾（見
圖 3）。

● 饅頭

做饅頭或麵包的過程，可以讓孩子體驗液體跟麵粉剛攪拌時，那種糊糊的觸感，透過揉捏後變成軟 Q 的麵團，是教室裡很大的工作項目（需要較長的專注力）。

材料：

（這是剛好適合好亮一次吃光的分量。）

1. 麵粉：75g（45g 中筋＋ 30g 低筋。）

　　（加低筋麵粉會讓麵團變得比較鬆軟，喜歡扎實口感就全部使用中筋麵粉。）

2. 水：35g（鮮奶 35g 也可以。）

3. 糖：10g

4. 酵母：1g

步驟：

1. 介紹材料：「這是中筋麵粉，這是水、糖，跟幫助麵團發酵的酵母。」

2. 將所有材料混合在一起，會從一開始很黏手到慢慢成團，變得不沾手。

3. 將麵團桿平，從短邊滾成長條狀，再用兒童刀具切成小段。

4. 將切好的麵團放到蒸盤，等待約 40 分鐘，麵團變成兩倍大的大小（看到酵母的活動），放到電鍋蒸一杯水，

並介紹水的三態之一：
蒸氣（氣態）。

● 切香蕉

最適合小小孩的第一個
切工非切香蕉莫屬了，軟軟的
香蕉很有成就感，使用比較鈍
的刀子也沒問題，等到熟練之
後，就可以改切蘋果或是比較
硬的食材。

越小的孩子，會將香蕉切得越小，因為他們享受的是做切
工的工作，這是正常的，不用急著阻止他。

步驟：

1. 剝香蕉：一開始可以幫孩子剝開一小段，再讓孩子觀察外皮跟果實的差異，並將香蕉皮放入碗內。（見圖 1）

2. 將剝好的香蕉橫放到砧板上。（見圖 2）

3. 以慣用手使用刀具，指出刀的刀背、刀刃、刀柄，並說：「手握刀柄，刀背朝上，刀刃朝下。」

4. 每切一片香蕉，就用夾子夾入碗中再切下一片。（見圖 3）

5. 布置餐桌，吃光光。（見圖 4）

●剝橘子

　　很多人不敢給孩子操作有「籽」的工作，擔心孩子吃到肚子裡有危險。

其實自主進食的寶寶口腔是很敏感的，大部分都會吐掉，但是被餵食習慣的孩子，是可能喪失本能，把大部分的東西都吃掉。在這樣的情況下，可以先從大顆的籽開始練習，再進展到小的。

步驟：

1. 認識橘子，聞看看柑橘類水果的氣味，摸看看粗粗的外皮，橘子的頂端有蒂頭，尾端則有凹洞。
2. 用大姆指將尾端的凹洞挖出一個洞，聞看看橘子皮的味道，用大姆指將橘子外皮剝鬆，再一片片剝乾淨。
3. 從橘子的外圍（圓弧區）往外掰開成一瓣一瓣的。
4. 放到碗裡後取出一片橘子，慢慢地咬，吐出種籽後嘴巴說：「這是橘子的種籽，硬硬的要吐出來放到碗裡哦！」

在陪伴孩子練習的過程，最重要的是成人的心態，每一次都耐心做示範，放慢加上分解動作，給孩子時間慢慢做，接受孩子做的不夠完美。

寫下 7 天不打罵、不威脅恐嚇的媽媽心情筆記

　　各位看完前面的文字，可能會認為我的日子太過美好，是不是生出天使寶寶呢？

　　我要強調，我並不是一開始就這樣的，也曾經有過把亮亮放在床上對她大聲說：「妳到底在哭什麼？」事後想想，覺得自己不該讓孩子承受這種情緒，才努力學習心平氣和，如果真的沒辦法，就把亮亮放在嬰兒房（絕對安全的地方），設好定時器出去冷靜十分鐘。

　　我們得學習接受孩子的不想要、接受孩子的決定（提供的選項要是媽咪能接受的，而不是讓孩子漫天開口）、接受孩子的哭鬧。

　　所以，我想邀請各位寫下自己的育兒紀錄，一方面是一種覺察，另一方面是抽離情緒，觀看自己的行事脈絡，發覺親子教養中的問題為何。

　　以下是我的示範，大家可以試著寫寫看。

Day1：尊重孩子有不吃的權利

　　亮亮早餐吃到剩 1/4 時，搖頭表示不吃了。我唱完一首歌給她聽，跟她再次確認是不是真的不吃了，並提醒她，到午餐

前只有水可以喝，可能會有點餓，如果不要就搖搖頭。當亮亮再度搖頭時，我就收餐了。

Day2：在規矩上保持彈性，在可接受的限度內退讓

在工作會場裡，我13：00先吃午餐（寶寶是13：30用餐），但孩子跟我討食。

平常我在餐跟餐之間是不給任何食物，只提供水的，但接近用餐時間，孩子應該有點餓了，也怕他在會場鬧，進而影響大家的心情。所以我們就約定好：「可以吃三小塊媽咪的麵包，每吃一塊就倒數『還有兩個、還有一個』。」吃到剩最後一口時，跟他說：「吃完這口就沒有囉！」

Day3：教育是做示範，孩子是一面鏡子

今天一樣沒有對孩子生氣，來分享一點想法！

在育兒路上有一句話我很喜歡：「教育是做示範。」每當孩子做出我不喜歡的行為時，我會審視自己，是否也用一樣的態度要求自己？如果希望孩子不吃零食，自己卻常吃零食，是很難讓人信服的。所以，在育兒路上，我發現是孩子讓我成為更好的人！

今天是亮亮的照顧植物日，她常常看我照顧陽臺的花草，也不時對我喊著「幫幫」，但是大人的工具她根本拿不動，所以我就挑選了適合孩子小手的道具，給她一盆屬於自己的盆栽，讓她來照顧。

因為常常澆水澆不好而灑水出來，我也準備了適合她的手套、抹布，讓她幫忙擦拭灑出來的水。

我的理念是提供預備好的環境跟工具給孩子，放手讓他體會世界。如果準備得夠好，其實就能大大減少生氣的機會，許多時候是孩子想模仿大人，卻沒有合適的工具造成所謂的「搗蛋」。

Day4：重新記得對孩子最初的期待

今天非常開心，亮亮上游泳課終於願意用浮板了，這幾次上課也很配合，好欣慰啊！

前陣子一度想要暫停游泳課，亮亮連續四週都沒辦法好好上課，老師給的指令都不願意做，只想要跟我漂在水上，實在讓我很沮喪。必須老實說，我也有冒出「為什麼大家都可以，妳卻不行」的念頭（但這個想法一秒就消失了）。

所幸教室是尊重孩子的，不勉強跟著做指令，也安慰我孩子就是這樣。可能有時候表現得很好，有時候不是那麼好，就放寬心陪著她度過。

那陣子抱著亮亮，走在泳池裡有點想哭（我承認有掉過幾滴淚），覺得自己花這麼多時間跟金錢來上課，卻只能整堂泡在水裡，搞得很像我在虐待她一樣。

某天我在幫亮亮洗澡的時候，看著她拍打水面，笑得東倒西歪，把頭潛進水裡撿玩具毫不畏懼，忽然想起去上汐游寶寶

的原點：我只是想要亮亮開心。

　　到底能不能學會游泳本就不是重點，能不能服從指令也是其次，最重要的是孩子的笑顏，以及水中培養的親密感及安全感。

Day5：我願意陪你慢慢長大，學習跟孩子一起度過每個時節

　　今天是春分，據說是一年之中，最適合種菜的日子，趕在太陽下山前，跟亮亮一起播種，希望菠菜順利長大，不要被蟲蟲吃掉了。

Day6：究竟是孩子不對，還是我也有不足的地方？

　　亮亮沿著沙發扶手站起來，想要拿放在櫃子上的飲料，卻不小心打翻，潑到抱枕跟灑在地上。

　　看著她爬高時，我有馬上跟她說「請下來，這樣很危險。」但她還是想爬，走過來的路上來不及阻止，她已打翻書櫃上的飲料。打翻後我有點生氣，深吸一口氣之後對亮亮說：「媽媽知道妳想要爬高高，但是這樣很危險，妳打翻飲料，我們一起擦吧！」遞了手套和抹布給她，我們一起善後。

　　固然孩子爬高不對，但我也有不足之處，以後我會注意不能亂放飲品，還好打翻的不是熱水。

Day7：想要的東西不一定能擁有

　　最近亮亮感冒了，許多課跟聚會都暫停，雖然只剩下一點

點咳嗽的症狀，但還是怕影響別人，只能帶她在我家大樓中庭跟附近晃晃，樓下有家鳥店，總會特地停幾分鐘讓她看看。

今天要離開鳥店時，亮亮轉身一直喊：「欸，幫幫，幫幫！（媽咪翻譯是不想離開）」我對亮亮說：「媽咪知道妳很喜歡小鳥，可是小鳥是老闆養的，我們沒有辦法帶小鳥回家，可是媽咪願意常常帶妳來看小鳥。」跟亮亮約定好明天會再帶她來看小鳥，才安靜願意跟我離開。

以上，看起來很不容易，對吧？但教養孩子本就不是容易的事。

每當我快放棄時都會提醒自己，當初我教亮亮多久她才學會「媽媽」這兩個字，我是多麼有耐心，多麼願意相信孩子有一天學得會，所以給孩子時間，以溫柔且堅定的方式，不斷重複地教她喊出「媽媽」，不輕易放棄。

我可以，相信妳們也可以的！

PART 5

好好洗澡
和上廁所

浴室是孩子最喜歡的區域之一，有關水的活動總是特別吸引孩子，但也是洗澡、戒尿布時，容易產生權力鬥爭的場所。

我把洗澡、洗頭、穿衣服的責任還給好好，只給他最小程度的幫助，最多的耐心，陪著他進行。過程中，好好有時會說「不要媽咪！」「媽咪走開！」等情緒話語，當孩子說出違心之論時，妳會怎麼做呢？我會想起羅寶鴻老師提過的一句話：「孩子是很敏銳的觀察者，卻是很糟糕的詮釋者。」看著這樣對妳笑的孩子，他怎麼可能真的不愛妳呢？

蒙特梭利的如廁訓練

連假最適合做為戒尿布的起點，現在風氣提倡不急著戒尿布，等孩子準備好再來戒，害怕太早戒而肛門期未滿足。

我曾經問過 AMI 的蒙特梭利培訓師 Ms. Sara，應該幾歲讓孩子戒尿布會比較好？得到的答案讓我嚇一跳：**只要會坐，就可以開始如廁訓練，前提是不責備孩子。**

大家都有印象，大多數剛出生的小寶寶對於尿布很敏感，因為尿濕了或是大便了，都會用哭來呼喚成人，表達自己需要幫忙，結果到了 2、3 歲，卻寧可尿布很大包也不想換，究竟是發生了什麼事？

在蒙特梭利中，如廁和進食一樣，是生活的一部分，也是孩子到了一定年紀，自然就會的能力，因此很強調事先預備好環境，才能幫助孩子在能力準備好時，自然就能做到這些事情（1 歲前就可以為孩子如廁練習做準備。）

如廁練習需要三大要點：媽咪心態的預備、環境的預備、黃金訓練期。

1. 媽咪心態的預備
孩子在 1 歲以前就能為了如廁開始練習，但也因為年紀

小，需要花費許多心力協助孩子，媽咪必須具備正確的理念和知識，在執行時才能真正幫助孩子。

在戒尿布的過程中，孩子一定會有弄髒環境的狀況發生，**這時候請避免出現情緒性語句**，像是：「不是說過如果要尿尿的話，記得告訴媽咪嗎？你弄得好髒哦！要教幾次你才會？」遇到這個狀況，妳只需要平淡地告訴孩子：「你尿尿了，所以地板濕濕的。不用緊張，媽咪先帶你去換乾淨的衣服，再一起收拾乾淨吧！」

戒尿布的孩子碰到因為尿而弄濕衣物的情況都會感到很焦慮，甚至會哭著說想要使用尿布，此時，請給他強力的信心，告訴他這過程很正常：「媽咪小的時候也這樣，我們只要一起努力，很快就可以成功了！」

2. 環境的預備

現在紙尿布吸收力都太好了，如果要讓低月齡的寶寶來做練習，請使用布尿布，讓孩子體驗尿濕的感覺。

不要一尿濕就馬上換掉，先讓孩子感受一下（但也不要太久），跟他說：「你尿尿囉，尿布有一點濕濕的，媽咪帶你去換一件乾淨的尿布。」讓孩子明白乾與濕的差別。

而 1.5 歲以上的孩子，我建議直接用純棉內褲。我以前用過學習褲，可是一點用都沒有。

此外，可以準備適合的小馬桶。有人會問我架在大人馬桶

架的適合嗎？我建議如果是 3 歲以上的孩子，就可以直接使用輔助架，但是身高還不夠的孩子，請給他小馬桶，讓孩子能夠靠自己到馬桶前，脫下褲子、內褲。

剛開始練習的前三天請排除其他活動，跟孩子都待在家裡（因為失敗率會相當高），第四天之後再外出吧，如果在外面失敗，外人的眼光會讓孩子很受傷的。

3. 黃金訓練期

1 至 2 歲的孩子正處於黃金訓練時期！ 1 歲後的寶寶開始走路，能掌控坐、站、走等大肌肉，也對語言認知了解許多（聽得懂指令）。

為什麼不等他年紀更大、更聽得懂話語的意思，再進行訓練呢？

因為 1 到 2 歲的孩子還不那麼「自我」，妳帶他去上廁所，或是跟著妳一起上廁所，不太容易拒絕妳，因此成功率很高，趁現在教他，比 2、3 歲時，一直跟妳說「不要」還容易許多，我常碰多許多媽咪聽到孩子說「不要」，就覺得是他們還沒準備好而放棄，滿可惜的！

大 V 家的作法

1. 一開始固定每 40 ～ 60 分鐘帶去小馬桶前，唱一首歌之

後，慢慢地從 1 數到 10，有上或沒上都 ok，大概一週
後，不需要我提醒，亮亮也會主動去廁所。

2. 記錄排尿或排便的時間。

3. 在成功上廁所後馬上給水，不要讓他隨時都能喝水，這
樣會不好掌握時間。

4. 直接穿內褲（不用學習褲）。

5. 決定脫掉尿布後就不再包回去，包含外出及小睡，並將
床鋪上防水墊。

6. 睡覺前一小時不要再刻意給水，睡前帶去上廁所（沒上
就算了），起床後馬上帶去廁所解放。

7. 集點計畫。

雖然我不支持獎勵計畫，但逢危急時刻只好使用了！不急
的孩子請平常心對待上廁所這件事，不需要刻意誇獎他。因為
在蒙特梭利裡，**如廁是一件很正常的事，不因尿濕褲子而責備
孩子，也不必因為孩子成功在馬桶上廁所就誇張歡呼。**

當孩子成功，我們可以說：「哇！你成功在馬桶上廁所了，
這是你的大便（尿尿）！你學會了！」用描述事情的方式表達，
就不會有過度正面或負面的情緒。

把如廁視為日常生活的一部分，讓孩子了解不管是上廁所
或其他身體的反應，都是很自然的，如此一來，孩子對自己身

體的掌握能力也會增加。

如廁是一件很正常的事，不因尿濕褲子而責備孩子。

是孩子不能戒尿布，
還是成人還沒有準備好？

　　亮亮戒尿布幾乎沒有失誤，包含晚上睡覺也很順利，尿濕次數屈指可數。好好前陣子幾乎每晚都尿濕，還好家裡有烘衣機，才能平常心面對這個自然後果啊！

　　早上問好好起床要不要去廁所？好好說不要，我也就不勉強他，看他在地上玩了很久的玩具，都沒有想尿尿的樣子，去看小便斗才發現已經有尿尿了！一問之下才知道是亮亮半夜帶他去廁所的，好好喊著想要上廁所，亮亮牽手陪他去，等他上完再帶他回床上，真的是太感動啦！

尿布讓孩子的身體不自由

　　在蒙式教育裡，尿布讓孩子的身體不自由（女生用衛生棉都不舒服了，更何況是 365 天都包著尿布的孩子。）甚至支持不會走就帶他定時去上廁所的理論。聽起來很像上一輩的帶法，對嗎？

　　這個作法沒有錯，錯的是心態。

　　定時帶去廁所怎麼會傷孩子的心？尿濕又怎麼會讓孩子

覺得難堪？這都是來自於照顧者的反應！不用因為現在流行等孩子大了，自然會說不包尿布，因此為了上幼兒園，幫孩子戒尿布而感到不安。**預備好妳的心態，平淡看待可能會出現的失誤，2 歲已經是非常適合戒尿布的年紀，一起加油吧！**

　　以下是亮亮的戒尿布時，我的紀錄跟方法，也和大家分享。

上學前的最後一堂游泳課，亮亮的戒尿布計畫宣告成功！

從週一到現在只有一次午睡尿出來，除了長睡（12 小時）以外的時間，都不穿尿布了。

亮亮的戒尿布之路只有前三天比較常失誤（第一天根本惡夢），許多人問我有沒有訣竅，我的建議只有：**相信寶寶做得到。從下定決心的那一刻起，除長睡以外都不要穿尿布！無論是外出、搭車、親子課，都不妥協。**

只穿內褲不穿學習褲：我婉謝了好幾家學習褲邀約，先前我買很多，卻一點用都沒有，建議直接穿上小內褲，不要怕失誤！

不要害怕洗床單：記得鋪上防水墊，就不會太失控，冷靜對待孩子尿濕情況，提醒他這就是尿尿了，要趕快去小馬桶喔！

　　所以，孩子能不能戒尿布，來自於大人能不能面對後果。可以思考一下，到底是孩子不能戒尿布，還是成人還沒有準備好？

要出門前，孩子不願意
去上廁所該怎麼辦？

　　尿尿這件事，最怕的不是他不尿，而是在外出的路途中尿出來，對吧？因為「妳怕麻煩」，所以要求孩子。但尿尿就跟吃飯、睡覺一樣，是勉強不來也不需要勉強的。尿濕是後果（雖然妳會覺得在懲罰大人），但其實已經懂如廁的孩子是不喜歡自己尿濕的。

　　我家的作法是出門前一定要去小馬桶（自己去或是我抱去），尿或不尿都可以。

　　許多人告訴過我孩子壓根不管他的規矩，總是拖很久，最後在成人生氣、孩子崩潰之下行動。妳看出重點了嗎？**拖很久等於沒有「一致性」啊！**

　　舉個大家最愛用的「數到三」例子。

　　許多家長是這麼對孩子說的：「要刷牙囉，趕快過來。」孩子這時會說：「我不要我不要！」於是家長們會重新數一次，並乘以 N 次循環，最後在生氣的情況下，硬壓著孩子執行刷牙，而且這個狀況是每一天都會發生。

爲什麼孩子學不會「數到三要執行」？

　　因為你的數到三不是真的數到三，以為透過柔性勸說、聲聲勸導，就能讓孩子走向正確的路。（我想問，聲聲勸導有用的話，妳家那位「別人家的兒子」是怎麼回事？）

　　妳希望孩子自發性地選擇妳期盼的結果，但孩子還小，在他懂之前，我們必須替他做出正確的決定。

　　跟大家分享一個數到三的折衷作法：**拉長間隔，「一～二～～～～～～～～～三。」**而且只數這麼一次，數完之後立即執行後果（自己過來或是成人抱去刷牙），不需要對孩子發脾氣，也不因為孩子當下的狀況而延後，等執行後果後，再讓孩子消化情緒吧。

　　接下來，妳可以在寶寶大哭時這樣想，並且撫平自己的情緒：「親愛的寶寶，我愛你，所以我願意在你每一次超出界線之際拉你一把，提醒你紀律的標準，讓你回到正確的道路上。你會慢慢地在平淡的生活之中，找到自由的紀律。」

　　是的，紀律。

　　如果沒有紀律時，妳的孩子每天都讓妳惱怒，妳如何不累積怨恨？妳的生活怎麼會平順？

　　所以，下次碰到出門前，孩子不管怎麼喊都不去上廁所時，可以運用數到三的方式，試著跟他說：「我們要出門囉，

媽咪數到三，你就要去上廁所（**規定**），你要自己過去還是我抱你過去？（**兩個選擇**）」

看著這樣對妳笑的孩子，他怎麼可能真的不愛妳呢？

讓孩子自動自發去洗澡的方法

常有人問我：「大 V，妳怎麼做到不對亮亮生氣呢？」「當亮亮很壞時，大 V 都會怎麼辦？」我當然會有情緒，只是沒有必要在孩子面前展現。相信妳如果對孩子情緒失控過，都能懂得那恐懼的眼神，再加上生氣根本於事無補，孩子連妳在氣什麼都不知道，只會氣上加氣。

而洗澡，就是很多媽咪們很頭痛（暴怒）的一塊，我的作法是：**設下「愛的陷阱」，將孩子一步一步地誘導到其中。**

孩子永遠只跟隨自己的心

這就要提到蒙特梭利的理論：「孩子永遠只跟隨他的心。」獎勵與懲罰都無濟於事。

前情提要：亮亮收到康軒最新一期的雜誌，急著想要閱讀。

：「亮亮，五分鐘到了，要洗澡了喔！」（**事前預告五分鐘後結束。**）

：「我不要，我要看新的雜誌啦！」

：「我們洗完澡，吃完晚餐就可以繼續看喔！」（**給他一個晚點再看的選擇。**）

：「不要不要，我現在就要看，我沒有髒，所以不用洗澡。」

：「亮亮，妳誠實地告訴我，是妳沒有髒不要洗澡？還是因為妳很想看新的書才不想洗澡？」（**引導孩子表達真實想法。**）

：「亮亮想要看新的康軒啦，媽咪妳沒有做點讀筆音檔。」

：「哇，這期在講蛀牙耶，媽咪覺得好有趣喔，妳知道為什麼會有蛀牙菌了嗎？」（**貼近孩子。**）

：「不知道啊，亮亮看不懂啦！」

：「哎呀，媽咪太忙了，還沒有做音檔上去，如果有貼，亮亮就能自己點點，可以聽得很開心對不對？」（**設下一個比現況看不懂雜誌更好的選擇。**）

：「對，都是媽咪太慢了啦，妳現在就要貼。」

：「如果有時間，媽咪一定會幫妳貼完啊！那妳猜猜看，為什麼現在沒有時間幫妳貼呢？」（**引誘孩子自己說出來。**）

：「因為弟弟要妳抱抱。」

：「對，這是原因之一，妳發現一個問題了，抱弟弟很難做事情耶！」（**認同她的答案，增強她正確選擇的動力。**）

：「妳再猜看看，現在還能做什麼事，可以幫助媽咪加快洗澡、吃飯的速度，然後就能幫妳做點讀筆筆？」

：「亮亮很快洗澡吃飯！」（**上鉤了！**）

：「答對了！媽咪如果收到新的雜誌，也會跟妳一樣很想看，還有好多貼紙可以貼，好好玩喔！如果能加上點讀筆筆唸故事就更有趣了，就算媽咪在忙，亮亮也能自己聽故事對不對？」（**增強她想要快速洗澡吃飯的動力。**）

：「對啊，弟弟他太吵了啦，亮亮想自己聽故事啊！」

：「那亮亮當小幫手，洗澡之前要做什麼？」（**準備收網！**）

：「要拿毛巾跟衣服，還有弟弟的尿布啦，因為他太小了，不會走路，也沒有跟我一樣棒，可以自己用小馬桶喔！」（**讓她覺得擔任小幫手很棒，並增加洗澡的愉快程度。**）

　　講到這裡，一定會有人問：「如果孩子就是不願意去怎麼辦？」教養的中心思想不會改變，那就是**「溫柔且堅定地替孩子做正確的選擇」**，如果這是規矩（**每天都要洗澡**），我就會溫柔且堅定地執行（**直接抱去浴室**），希望妳也能順利執行！

⑤ 妳家孩子討厭洗頭嗎？

　　妳家孩子討厭洗頭嗎？如果是，妳覺得原因是什麼呢？怕臉部弄到水？假如可以不讓臉弄到水，孩子就不討厭嗎？

　　通常談到最後，會發現孩子討厭的是「洗頭」這件事，無關水也無關泡泡，而是洗頭的「情境」。提到情境妳可能又要苦惱了，討厭臉碰到水有很多種方式能處理，那情境怎麼辦？總不能不去浴室洗頭吧？

　　洗頭是必須要做的事，沒有辦法如孩子所願，但也不是要妳不顧孩子的心情，一股腦地往他頭上沖水。

　　關於洗頭這件事，我的建議是：**把選擇權還給孩子，並且溫柔堅定地執行**。洗不洗頭，孩子不能決定（因為一定要洗），但是洗頭後臉要不要殘留水、什麼時候要擦掉，都是孩子可以自行選擇的。

　　給孩子毛巾，跟他說：「媽媽知道你不喜歡臉碰到水，可是洗頭的時候一定會弄到一點點，我答應你，我會很小心。」

　　在洗完頭之後，可以跟他說：「毛巾已經給你了喔，如果覺得濕濕的，可以自己擦乾淨。」

　　從洗頭這件事情，可以學習到幾件事：

1. 讓孩子有掌握權：

不要因為孩子一哭就急著幫他擦水，慢慢地準備，輕輕地擦，跟孩子強調：「你看，擦乾淨了，毛巾給你，你也可以自己擦喔！」

2. 平淡地跟孩子相處，才不會讓他覺得這件事很嚴重：

很多時候是成人的反應才讓孩子覺得臉沾到水是件很嚴重的事，也不要告訴孩子「不會不舒服。」「沒什麼好害怕的。」因為感受是很主觀的，孩子可能就是覺得不舒服、很可怕，妳這樣子的反應會讓他覺得沒有被同理。

3. 不吝給予讚美：

無論孩子最後有沒有哭，都可以誇獎他：「你學會幫自己擦臉臉了呢！」「你可以控制自己的臉臉要不要碰到水了喔！」

這些都是在家裡能幫助孩子靠自己能力做到的輔助道具，沒有一定要全部都買，你們可以依照孩子的生活習慣與相處模式而定。

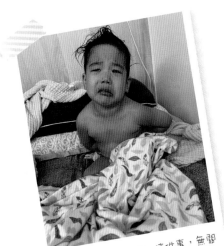

孩子討厭的是「洗頭」這件事，無關水也無關泡泡，而是洗頭的「情境」。

好好穿衣服：
如何面對孩子的拖延症？

　　拖拉是讓父母親常斷理智線的原因，明明就可以馬上做好的事情，為什麼非得到父母發脾氣了，孩子才肯去做呢？

　　好好已經會自行更衣（確定有其能力），這段時間發現他非常愛撒嬌，除了換衣服要成人幫忙外，還會賴在床上滾來滾去，時常亮亮都上餐桌吃晚餐了，他還光溜溜地在床上滾。我覺得這樣下去不是辦法，到時候回歸學校時，只會讓老師頭疼，所以決定把穿衣服的責任還給好好。

面對孩子的拖延症情境對話

　　洗完澡後，雙寶在床上嘻笑翻滾，亮亮聽到把拔喊晚餐要開始吃了，趕緊穿好衣服上餐桌，好好還光溜溜的。

：「好好的衣服自己穿，媽咪可以在旁邊陪你。」（**提醒孩子妳的界線。**）

　　好好笑著爬過來用頭蹭我，我拿著內褲給他，誰知道我一

個轉身，他就把內褲往後丟下床並呵呵笑。

：「內褲要從腳穿上來，去把內褲撿起來。」我皺著
　　眉頭說。（**告訴孩子正確的使用方法，合適地表達
　　妳的不舒服。**）

：「不要，我要媽咪抱抱啦！」好好向我賴皮、撒嬌。

：「我可以抱抱你，抱完之後就要認真穿衣服喔！」（**回
　　應孩子合理的需求。**）

　　抱了一下子後，好好說「夠了」，我請他把自己丟下床的
內褲撿起來，但他卻光屁屁在房間裡，躲在牆後面跟我玩。

：「好好，媽咪看到你沒有認真穿衣服，現在是六點半，
　　是媽咪的吃飯時間了，我可以再陪你穿一次，如果
　　你這次沒有認真穿，那我就要先去吃飯了。」（**不
　　帶情緒地描敘狀況，溫柔堅定地提醒規矩。**）

　　好好一邊穿一邊對我說他的頭卡住了，我幫他用力一拉才

穿好上衣，接著他把內褲也穿好了。

　：「來穿褲子吧！」（**執行規矩。**）

　　我拿著褲子遞給好好，他卻一溜煙地又跑去廁所玩門，我認真地看著好好的眼睛，告訴他：「好好沒有專心穿衣服，我要去吃飯了。」

　　我打開房門，坐在餐桌前吃飯，並說：「媽咪在吃飯囉，等吃完飯再去找你。」（**告訴孩子現在的狀況。**）

　　好好一開始很開心地翻動房間內用品，過了一陣子發現我不在身邊後，坐在房間裡喊著「媽咪媽咪媽咪」。

　　我坐在餐椅上遠遠地告訴他。

　：「媽咪已經在吃飯了，有什麼需要我協助的地方嗎？」（**離開孩子不是為了冷處理，而是成人也有該做的事。給予孩子尊重時，別忘了讓孩子也尊重成人。**）

　：「媽咪，我要妳過來。」好好開始哭了。

：「我聽到你要我過來，但是我正在吃飯，我吃完飯可以過去看看你，如果你想找我，穿上褲子就能來餐桌找我了。」（**提醒孩子他能做到的事，以及你能夠給的。**）

好好斷斷續續地用委屈的哭聲呼喊我。

但我決定繼續吃飯，吃完飯再回應他的需求。**離開孩子絕對不是為了讓他哭到不會哭為止，哭不哭永遠都不是教養的重點。**

用完餐之後我走到他的身邊。

：「你要媽咪抱一個嗎？」

：「媽咪抱抱。」

：「沒問題，媽咪可以抱抱你，你準備好穿衣服了嗎？媽咪要提醒你，太晚穿完衣服，就會好晚才吃晚餐，吃完晚餐後，就沒有時間玩，得很快就去睡覺。」（**提醒孩子這件事情不好的後果。**）

：「我穿一隻腳，媽咪穿另一隻腳好嗎？」好好點點頭。

：「好啊！」

後來我們很快地穿完褲子，很有效率地吃完晚餐，但沒有太多時間玩樂。

睡前好好問我可不可以再玩一分鐘，我輕聲地告訴他。

：「動作很快的小寶貝，可以玩很多分鐘呢！」（**提醒孩子這麼做的好結果。**）

：「明天媽咪可以相信你動作會比今天快嗎？就可以多玩好多分鐘。」（**就算今天孩子沒有做好，也要讓孩子知道，媽咪仍然相信他能表現得更好。**）

好好點點頭。

：「那我們 night night 吧。」

孩子有能力，卻不願意做的原因

穿衣服拖拉好像是每個家庭都會遇到的事（尤其我希望讓孩子自己穿），時常聽到孩子動作拖拉，導致成人跟孩子都鬧得不愉快的事件。

我想大家並不是針對事情本身不開心，而是妳認為孩子**「應該能做得到卻不做」**，所以才有情緒。

舉個例，我們不會要求 6 個月大的孩子自主更衣穿鞋，更不會因為這些事做不好就對他發脾氣，但如果是已經有更衣能力孩子不願意配合，甚至開始鬧情緒時，大人總有一把火在燒。

回想一下，孩子在鬧情緒時，大人如果比他更大聲，甚至吼他，他會有什麼反應？通常都是哭得更大聲，或是嚇呆了，只好配合。我不覺得孩子會因此學到了什麼，也不相信從此就不會再犯。老實說我認為孩子從中只學到了，原來生氣的時候可以更大聲，誰大聲誰就贏了。但如果妳只是希望孩子「表面上的聽話」，也許傳統教養法會更適合妳。

通常孩子有能力卻不願意做，是出自於「心理問題」。

為什麼他不想做呢？

1. 習慣大人幫忙（錯過敏感期）。

2. 行為退化（同學或是手足影響）。

3. 單純不想做（如果是規矩，就會有對應後果）。

對孩子發脾氣或是大聲，能解決上面的問題嗎？如果不會，為什麼在面臨其他教養問題時要這麼做？

各種日常練習

● 穿衣服

　　挑選容易穿的衣服，像是有鬆緊帶的褲子、寬鬆的上衣設計，避免過度緊身或是扣子太多的衣物，增加孩子的成功率。

1. 介紹衣服：「這是袖子，是手伸進去的地方，這是領口，頭要從這邊穿過去。」
2. 兩隻手先穿好袖子，再套出頭，拉好下擺。

● 穿外套（背背包也一樣）

1. 把外套放在地上攤開，將有標籤那面朝向孩子，把兩邊的袖子擺好。
2. 請孩子把手放到袖子裡。
3. 將外套從地上往上翻，越過頭上到背後。

● 脫衣服

1. 把手放到衣服下擺打叉，抓住二邊往上拉。

2. 再將頭露出來。

● 穿鞋

建議用魔鬼氈的鞋子，搭配低矮的小板凳。

穿的示範方式：

1. 請孩子坐在板凳上，打開一腳的魔鬼氈，往上翻開鞋舌（見圖1）。

2. 一腳屈膝抬起，把鞋套入腳上，翻下鞋舌，扣上魔鬼氈。另一腳同（見圖2）。

脫的示範方式：

1. 請孩子坐在板凳上，一腳屈膝緊貼胸前，打開魔鬼氈，翻開鞋舌。

2.腳抬起，以右手抓住鞋跟，往下拉脫掉鞋子。另一腳同。

補充說明：

1.年幼的孩子學穿鞋時，最好提供魔鬼氈的鞋子。

2.年幼孩子左右腳分不清楚，可利用鞋上的圖案，或用奇異筆在鞋墊或鞋後根底等處做記號，教孩子如何辨認。

3.穿鞋用的板凳越低越好，對年幼的孩子較容易抬起腳來。

折衣服

1.將衣服平放（見圖 1）。

2.由左到右對折（見圖 2）。

3.由下到上再折一次（見圖 3、4）。

● 洗手

1. 準備輔助梯，確保孩子能自主上下。
2 介紹水龍頭，出水方式，肥皂與擦手巾。
3. 內（手掌）、外（手背）、夾（指縫間）、弓（指背）、
   大（大拇指）、立（指尖）、腕（手腕）都確實沾上泡泡。
4. 沖水並擦乾手。
5. 把用過的擦手巾放到髒衣籃。

● 擤鼻涕

1. 準備鏡子，衛生紙，桌椅。
2. 先將一張衛生紙取出，折半，再拿另一張衛生紙壓住一
   邊鼻孔。
3. 用鼻子大力吐氣，將鼻涕擠出。
4. 用衛生紙包覆後，丟到垃圾桶。

● 擦臉

1. 準備手帕沾濕。
2. 對折擰乾。
3. 從額頭、眼睛、鼻子、下巴、臉頰，再到耳朵、脖子都
   擦過一輪。
4. 將濕毛巾放入髒衣籃。

PART 6

好好睡覺

好好睡覺是育兒生活脫離地獄的一大要素，妳可以想像
連續幾個月（甚至可能長達數年），每天都睡不飽，這
該是多大的惡夢啊！

當妳沒有獲得充分的休息，怎麼有辦法正向地對待孩子
呢？

作息訓練不單單只為了孩子，也為了成人，無論是大人
或是小孩，都需要充足的休息，才會好情緒能夠面對挑
戰哦！

因為捨不得孩子自己練習睡覺，我該一直哄睡嗎？

　　我還記得亮亮離開月中，一回到家開始進行作息訓練時，我躲在嬰兒床後方，透過監視器查看她的狀況。

　　亮亮哭的每一分鐘，彷彿有一小時那麼久，如果還有另一個監視器，妳可以看見我家時常出現亮亮在嬰兒床上哭泣，而我在床後哭泣的囧境。

　　那時能夠安定我的內心的只有手邊的教養書，透過閱讀，我一次又一次地告訴自己：「亮亮一定可以學會的，她可以自己好好睡覺，不需要藉由成人的幫忙才做得到。」

　　在我克制過多的負面情緒的一週後，亮亮就能穩定地睡滿八小時，從那一天起，我的精神也變得好很多，少了半夜餵奶的工作，說有多輕鬆就多輕鬆，畢竟當時還曾有過幾次抱著餵亮亮，而我不自覺睡著的危險狀況。

　　接著亮亮在十週時，達成長睡 12 小時的紀錄，讓我除了能夠好好休息之外，也重新拿回一點跟先生相處的機會，終於能夠有幾個小時的時間，單純地跟先生在一起，聊聊今天發生的事、追著想看的劇。

　　但是，每個孩子都需要睡眠訓練嗎？這個問題沒有標準答

每個孩子都需要睡眠訓練嗎？這個問題沒有標準答案。

案，請妳先考量家庭狀況以及自身能力來做評估。

　　若妳享受哄睡的過程，覺得以這樣的模式長大沒關係，那維持現況也很好，**重點是妳會不會覺得勉強自己，進而影響跟孩子或是家庭的相處狀態。**

　　而睡眠訓練也有很多不同的方式，像我們家是自行入睡，也就是成人不用任何方式介入孩子入睡，放上床，做好睡前儀式就離開。也有些家庭會選擇「抱抱睡」，即抱著孩子睡著後

再離開；或是拍拍睡，入睡時伴隨拍背或是屁股，等到孩子入睡後再離開。介入的程度因人而異，選擇妳能夠接受的方式即可。

　　我可以理解媽媽在面對新生兒哭，自己心裡也不好過的心情，但請告訴自己，孩子在沒有身體病痛的情況下，哭一下並不會影響健康，反觀，練習良好的睡眠，和未來良好的飲食模式與情緒是密不可分的啊！

② 不放任孩子少睡一小時

　　睡眠是我們可以替孩子養成的習慣，也只有還未上學的孩童才能保有這麼長時間的睡眠，隨著之後開始進入校園上學，睡眠時數只會越來越短。孩子白天時學習的量與時間越多，晚上就需要睡得越多。

　　諷刺的是，大多數的家長都知道睡眠對孩子很重要，但睡眠卻常是第一件讓我們妥協的事情。

　　因為不知道缺少睡眠對孩子會造成什麼代價，不把少睡的一小時當一回事，很多大人會因為各種原因讓孩子晚一點睡，像是：父母親下班晚了，想花一小時的時間建立親子時光，週末就放縱孩子玩晚一點吧！又或者單純是孩子說不睡就是不睡（無法堅持讓孩子一定要入睡，是因為妳認為睡眠沒有那麼重要）。

　　缺少睡眠不只會影響學業表現及情緒穩定，其他像是過動兒、過胖等症狀，也都可能是因為孩子少睡的那一小時所影響。甚至有些專家認為，兒童發育期間的睡眠問題，可能會對腦部造成永久性傷害，並不是下次多睡一點就能補回來的。如今許多身心問題像是心情不好、消極，提不起勁、暴飲暴食等，

都可能來自於長期睡眠不足的傷害。

好習慣的養成需要重複 800 次

　　我曾在某本書看到以下兩個關於兒童睡眠的實驗。以色列特拉維夫大學的薩德博士曾做了個實驗，將 77 個孩子分為連續三晚早睡與三晚熬夜晚睡，結果令人震驚：少睡的一小時，相當於損失兩年的認知能力。

　　布朗大學的勒布喬亞博士則發現，單單是將幼兒園小朋友在週末晚睡，就會影響智力測驗的成績。提出「睡眠不足對兒童智力的傷害，與鉛中毒不相上下」的結論。

　　我相信每個孩子在睡眠時數的需求上是不盡相同的，但如果妳的孩子低於標準，請試著給他培養睡眠習慣的機會，因為，好習慣的養成需要重複 800 次！

預備好的睡眠環境

　　一個好的睡眠品質必須要有一個好的睡眠環境，我稱之「預備好的環境」。

　　我認為必須有嬰兒床才能進行訓練，尤其是大月齡的孩子，若沒有限制住其活動範圍，就連躺在隔壁，連動都沒有動

的媽咪也能讓他興致盎然、活蹦亂跳！

　　建議可以架設一個監視器，讓妳不用進房間，也能觀看孩子的狀態是否需要介入。至於嬰兒床的布置問題，無論正睡、趴睡或側睡，睡覺時無需枕頭、棉被，擔心孩子冷的話，可以使用防踢被，也不需要床圍（我的是低矮型，不會擋到寶寶鼻子），使用透氣床墊也會比較涼快哦！

　　孩子一開始放在床上不見得會馬上睡著，或是直接睡到妳希望他起床的時間，不用因此感到挫折，隨著練習的次數越多，孩子可以慢慢地趨近妳設定的時間範圍（當然設定的範圍要合理，像是白天小睡大概抓 2 ～ 3 小時即可）。

　　除了預備好的環境，媽媽們的心態也「預備」好。意思是，假如孩子一醒，妳就會立刻抱他起床，那麼日後他自然會理所當然地呼叫（哭喊）妳過來，畢竟會吵的有糖吃，那幹嘛不吵？孩子不會浪費沒意義的眼淚的。

堅持全親餵仍保持作息

　　自從知道懷孕起，就好擔心寶寶會遺傳到我的過敏體質，畢竟我可是異位性皮膚炎、過敏性鼻炎、氣喘這三大過敏兒問題都蒐集滿了……（汗）。

　　看了一些書籍得知，喝母奶可降低寶寶過敏的機率，衝著這句話就決定盡力哺餵母奶，而全親餵是最能衝母乳量、供應給寶寶的方法，少去洗奶瓶、備品的時間，也多了時間可以休息。

　　生產當天，我不幸地經歷 38 小時吃全餐，生產後，心心念念的是第一次的肌膚親密接觸，我要求 skin to skin 到最久的時間，並進行第一次的含乳。不得不說，實在是痛死人了！陣痛或是剖腹產的痛，都沒有寶寶的第一口含乳痛（淚目）。

　　回到病房後告知護士只要寶寶餓了就推過來，我要全親餵，不擠出來瓶餵。看在亮亮只有餓了會哭的分上，就改成了母嬰同室。生完兩個的經驗談：同室不可怕，推給嬰兒室、被安撫過，等滿月之後回來，過渡期會很辛苦。

　　這時候的寶寶（一週內）約莫是 2 小時就要吃一次母奶，一次 30 ～ 45 分鐘是常態。實在是累翻了，在醫院的那幾天根本是沒日沒夜的啊（遠目）！

幸運的，我是有奶的媽咪（沒有母乳的媽咪，可以試著用餵食管，讓寶寶一樣能吸乳房，實際上吸到的是配方奶）。不知道這跟我在 37 週後就聽從國際泌乳顧問的意見，以「手擠奶」的方式有沒有直接關係，**但沒有早產風險的媽咪們，可以試著在 37 週時，用手擠擠看，練習手擠技巧以及使乳腺更通暢，一點都不痛！**（有興趣的媽咪也可以找禾馨學習哦！）

到月中，除了洗澡以外的時間，亮亮幾乎都跟我在一起（是的，我又挑戰了母嬰同室 XD），2 週到 3 週大的時候都是 3 小時吃一次，還是有點小崩潰。途中還遇到猛長期，寶寶一直哭、一直討奶，持續了兩、三天，我還抱著寶寶哭了。不過一天長大 90 克實在也是很驚人的紀錄啊！

親餵 VS. 瓶餵

很多人以為，想要培養孩子固定作息，就得使用瓶餵（配方奶或母乳）。

其實親餵同時能滿足孩子的依附感與飽足感，正確地讓乳房滿足孩子的口欲及胃口，省去洗奶瓶的時間，是一個對媽媽和寶寶都雙贏的方式。但許多人會以為親餵就等同於要跟寶寶綁在一起，「掛奶」掛不下去，我用養育雙寶且全親餵的經驗告訴妳，這完全行不通！

　　我們絕對可以把「親餵」跟「安撫」劃分開來，享有親餵的好處，同時保有孩子練習安撫自己與入睡的機會。但妳說過程輕鬆嗎？還是老話一句：教養本就不是件容易的事。

　　只要是為了孩子好的，媽咪就算苦也會撐下去，切記，所有的訓練都不是為了大人輕鬆。

　　回到好好睡覺這件事。提倡奶睡、哄睡的人總會告訴妳「孩子可以長大就好了，反正再抱、再哄也沒幾年」，甚至用「不這樣做，孩子的親密依附會不夠」的說法來恐嚇妳，所以妳照顧孩子到身心俱疲，甚至得產後憂鬱。

　　妳也許認為孩子需要哄、奶睡辛苦的只是大人，以為自己辛苦一點就能換到孩子好眠，殊不知反而會讓孩子陷入睡眠品質不佳的惡性循環裡。就算餵奶完孩子會接著睡著，仍然會發生睡眠中斷的事件。試想，當妳感冒時，整晚邊咳邊睡，隔天精神或情緒會好嗎？

戒夜奶的訊號

　　寶寶不是機器，不可能每天的作息都很穩定，難免遇到幾天不穩定，請媽咪們不用過於擔心，孩子不會因為幾天作息不好就壞掉的，再調整回來就好了。但也請減少人為造成的干擾，我建議在三個月以前，最好沒事別出門，先把作息調整好，

如果非得要出門，也請盡量照著作息走。

亮亮快 4 週時，從月中回家，用餐間隔從 3 小時調整到 4 小時，並試著自行入睡。記得床要鋪得平整、吸水力要夠，並且沒有擺放任何雜物。另外，我有使用呼吸監控器 angelcare。臺灣兒科醫學會也建議應仰睡，不能側睡、禁止與大人同床，孩子必須獨自睡在沒有被子、玩偶、床圍等乾淨的硬床上。

亮亮就有 5 小時的夜間睡眠，讓我燃起了信心！接下來的幾天，孩子時好時壞，有準時半夜 3 點起來討奶的，也有提前到 2 點起床討奶，更常的是睡過頭到 5、6 點才起來討奶（我的第一餐是 7 點），在 6 週時便決定戒掉夜奶。

這時候自然入睡還會小哭個 20 分鐘以內的時間，有時候也會「壞掉」，哭個 1 小時，得抱起來陪玩。接著寶寶連 2、3 點那餐都睡過頭，叫不起來，甚至連洗澡都睡全程！7 點（第一餐）也吃得很不認真，吃沒幾口就睡著了。決定在 8 週大時，把 2、3 點這餐也戒掉，一天就成功（放鞭炮）！

接著幾天當然有遇到 5 點或 6 點就醒，我會觀察，只要大哭超過 10 分鐘沒有趨緩，就抱起來哄哄，但大多數都是 10 分鐘內就又睡著了！（也可以用延遲餵奶來應對。）

我和先生的生活因為亮亮的加入充滿幸福，穩定的亮亮讓我們都能在她清醒的時候，認真地全力陪玩，而在她睡覺時，我們都能好好休息，打理好家裡和自己。就算我出門，把孩子

交給先生帶，也是沒問題的哦！（某天先生居然還做了飯！）

　　我以為爸爸育兒的標準是只要有呼吸、心跳就夠了，沒想到做得這麼好！最棒的是，我們都更了解寶寶了！

　　普遍來說，媽媽在孩子還小的時候，耐心十分充足，就算睡眠問題嚴重，也會耐著性子撐著，但沒有人有辦法一年 365 天，持續好幾年之後都還保持耐心。

　　過程難受是一定的，怎麼可能才經過一、二週的孩子就能有顯著地改善呢？只要覺得迷惘，不妨上來「大 V 的正向教養聊天室」（Line 社群）一起聊聊，大家會一起陪妳走過這段路的，加油！

只要是為了孩子好的，媽咪就算苦也會撐下去。

戒夜奶的小撇步

1. 定時給奶，但是喝多喝少讓寶寶自己決定。（如果是瓶餵的話，就記錄整天的奶量與餐數來給奶。）

   親餵喝奶要認真，準備一條濕毛巾，媽咪跟寶寶的衣服都解開貼在一起，如果擔心會冷，可以再用一條輕薄包巾蓋在胸前，太溫暖的話，新生兒容易睡著。

   確保含乳正確以及盡量清醒地喝奶，才不會讓乳頭一直泡在口水中，容易受傷，也減少掛奶的機會，不認真喝就收奶，下一餐如果提早餓醒，就讓他餓一下（可抱可哄，就是不要直接塞奶，如果可以，請堅持到下一餐的時間，不行也至少撐十分鐘）。

2. 記錄一週的寶寶作息，參照寶寶的作息微調成固定作息。看是要每 2 小時為一個循環，或是 3、4 小時都可以。（最終希望以 4 小時為單位。）

3. 如果可以，餵完奶之後，讓寶寶張開眼睛地躺回床上，一開始可能有困難，但滿月後就要盡力做到。千萬別養成讓孩子睡在自己身上的習慣！

4. 當寶寶半夜某餐奶開始睡過頭幾天後，就是戒夜奶的機會來了！（順應孩子需求，大人小孩都輕鬆。）

5. 同住家人的教養理念要一致，變來變去會讓寶寶無所適
   從。

   哭不會讓孩子沒安全感，不一致的作法才會，孩子天生
   喜歡固定作息（秩序敏感期），頻繁餵食反而容易造成
   腸胃不適。

6. 最重要的，相信自己，相信寶寶！

   不要給自己跟寶寶太多壓力，一樣一樣慢慢做。先求固
   定作息，再開始戒夜奶（餐六），最後再挑戰 12 小時
   長睡（戒餐五）。

   當寶寶哭，試著聆聽他的需求才是重點，而不是一昧地
   抱起來哄，孩子可能是生理上的不舒服，或是心理上的
   撒嬌，也可能是太累了睡不著，作息容許彈性。其實當
   媽咪有做好自己該做的，孩子不會偏離作息太遠。

**親餵最難的是確認孩子有無喝飽，千萬不要貪圖方便而餵
到睡著，也不要顧著滑手機，讓孩子邊睡邊喝！奶睡是大忌！**

我總是一邊按摩胸部，不定時拿濕毛巾擦寶寶，拉拉手
腳，一直對他說話，直到怎麼塞奶，他都不喝才放他去睡。千
萬不要等到他睡著才開始吵他，因為新生兒一睡就超熟的。

戒不戒夜奶也不是重點，如果孩子真的需要這餐，我不會
強行戒除，等待孩子給的訊號出現，再來戒夜奶，事半功倍。

PART 7

向外探索

我時常反問自己，在學齡前，我替孩子安排了這麼多活動，最應該看重的是什麼呢？會講很多英文單字？可以算數？會拼注音符號？還是長得又高又壯？

這些當然很重要，但是我覺得更重要的是一個不會被外人誇獎的部分：預備好獨立的能力。

早期教育的意義

　　在成為母親之後，生活必須有妥協，不再是我們開心就好，應該重新釐清生活裡的輕重緩急。也許忙亂的生活步調加上孩子後會更難以掌握，但同時也要告訴自己，這正是孩子接觸生活的經驗，藉由經驗才能產生能力。

　　切忌不要因為疲累，而讓孩子交給「3C 保姆」；不要怕孩子受傷，無法放手讓他自然跑跳；不要預設孩子做不到，而不帶孩子去挑戰。0～3 歲的孩子，最重要的便是「生活經驗的累積」，藉由每一次動手做，每一次的能與不能，每一點點可承受的小小傷害，堆疊出價值感與成就感，預備好上學的能力。

　　因此，媽媽們會問我：「幾歲上幼兒園是最好的年紀？」我想妳只要思考評估以上原則後，就能了然於心。

　　早期教育重不重要？當然重要，尤其是 0～6 歲的孩子處於完全吸收期，不趁這個時間給他好的材料，豈不是太可惜？這世界上有什麼穩賺不賠的投資？我想只有孩子！

　　很多人常常問我：「要選全美幼兒園還是其他風格的幼兒園呢？」「好亮念什麼幼兒園？」從 0 歲啟蒙英文的我，當然

認為英文很重要，但是全美幼兒園完全不在我的考慮當中。因為語言是最容易在家培養起來的，其他的教育風格則相反，並不是說全美不好，而是我更認同蒙特梭利理念，希望校方也是用這種態度在對待孩子（AMI 系統的蒙特梭利目前沒有全美幼兒園）。

　　我認為，早教最棒的是我們能預備好自己能做到的部分，提供給孩子更多選擇。像我可以不用考慮全美，義無反顧地奔向蒙特梭利幼兒園，是因為好亮從小就有英文為底，在家也有持續進行英文練習，未來念私立小學時，也不用擔心英文跟不上。

妳呢？挑選學校時最在意什麼？廣大的校地？自煮的伙食？語言環境？校風理念？

　　我最在意的是：**成人能否尊重孩子也是一個獨立的個體！**

預備好獨立的能力，才是最重要的。

不是要孩子真的學會什麼，而是去開闊他的眼界

「陪伴孩子成長的路，沒有捷徑」，無論是飲食作息、生活自理或是早教，妳給了多少，孩子就會反饋多少（只是時候未到）。

我們這輩小時候都太辛苦了。臺灣經濟起飛，幼時被迫提早出社會的父母把自身對學業、才藝的憧憬，全都壓在我們身上。現在，我們有了孩子，最希望的是他們可以無憂無慮地開心成長，不要重蹈覆轍，活在學習的夢魘中。

許多人會說，現在臺灣的教育太嚴苛了，至少在學齡前要讓孩子快樂成長吧！

我不認為照顧者非得要早教，我反對的是等到孩子長大後態度大轉變，開始對分數斤斤計較，甚至勉強孩子去補習，嘴巴說著現在的教育太難啦，不試著去了解，就急著把教育外包，**態度不一致是教養的大忌**。

早教是為了孩子在長大後的人生裡，可以得到更多的時間與自由，培養出足夠的責任感，能夠享受求知的樂趣，不需要被補習班填鴨式的教育占滿生活。

我母親聽到亮亮從 5 個月大就開始上親子課，直說「太誇張了吧！」有在上課的妳都知道這年頭，親子課多有趣，我們並不是要孩子真的學會什麼，而是去開闊他的眼界，讓他有機

會去接觸身邊沒有的東西。

　　我帶亮亮上音樂課，不是希望她成為音樂大師；帶她上游泳課，並不是希望她能得到奧運金牌；帶她廣讀書籍，也不是為了考試能考一百分。

　　那為什麼我們需要費這些心力與金錢，帶著孩子學習？除了讓孩子練習堅持的重要性外，也期待他學會替自己負責。事實上，早教的孩子大多在玩中快樂學習，以孩子能接受的模式下，每天做一點點，長期累積而成。

　　妳以為早教的孩子學得很辛苦、壓力大？事實不然，相信妳知道對於幼兒是勉強不來的，不是今天妳要求他做，他就會照做（因為孩子只追隨他的心），比起孩子，辛苦的反而是照顧者啊！

　　我相信在人生路上沒有奇蹟只有累積，也許資質先天性有分高低，但時間拉長來看，沒有天生的天使寶寶，也沒有天生的天才。檯面上首屈一指的高手，除了天分外，更重要的是持之以恆的努力。

　　我們可以讓孩子在 0 ～ 18 歲開心無虞，那麼 18 歲以後的人生呢？

　　先把孩子對自己負責的習慣培養起來，讓他面對什麼都能無虞吧！

什麼時候該去上幼兒園？

做媽媽是一件容易失去自我的事，自從變成好亮媽媽後，很少人在意媽媽本身，見面打招呼時，大多關心妳上週帶孩子去哪玩、孩子多大了、有沒有長胖長肉，好像從嬰兒誕生開始，我就從「自己」變成「孩子的媽」。

旁人最容易用身高或體重來為孩子打分數，例如，亮亮小時候圈圈手跟腿庫非常明顯，無論是路人或是友人都會說「妳養得真好」。但我始終不能理解為什麼需要兢兢業業地讓孩子胖嘟嘟？只要在 3% ～ 97% 範圍內都無需擔心啊，包含寶寶手冊裡的語言及動作發展，只要合乎時程就沒問題了，不需要與其他孩子比較。

我認為，比起孩子身體質量百分比，我們應該要著重在「照顧孩子的品質」上，像是：

1. 有沒有讓他體驗生活發展自理能力？（**家裡是最好的教室**）。
2. 是否提供足夠的運動量，鍛鍊他的肌力以刺激大腦發展？（**運動與智能**）。
3. 帶孩子在身邊觀看成人的人際交際（**教育是做示範**）。
4. 讓孩子培養好習慣以適應接下來的幼兒園生活（**別想著去幼兒園再學就好，這些遠比身高體重來得更為重要**）。

　　蒙特梭利以 3 歲為一個階段，原先我也考慮 3、4 歲再讓亮亮上學，但是相對的，能固定相處的伙伴也少了，畢竟正處於社交敏感期，小伙伴（同學）變成我給不起的環境因素，那麼就去上課吧！

　　0 ～ 3 歲的照顧不該因為怕孩子受傷、生病，而關在家裡鮮少外出，或是無止盡地接觸 3C 產品，提供孩子真實的生活體驗，對他們的幫助更大。

　　因此幾歲上幼兒園是最好的年紀？我想答案在每個家庭裡都不太一樣，想一想，妳現在的照顧品質好嗎？妳享受孩子生命中的這幾年嗎？請思考評估後，就能得到解答。

② 慢慢完成的教養功課

好好跟亮亮一樣，還不到 3 歲就加入 3 ～ 6 歲混齡的班級。老實說，我有點擔心，一度還跟學校商量讓好好待滿到 3 歲再升班呢！畢竟好好前陣子連句子都很簡短，是因為疫情待在家，跟著亮亮嘰哩呱啦地說話才語言大爆發。

在升班的前一晚我告訴好好：「要去新的班級上課了喔，會有新的老師跟你一起工作。」好好嚷著要跟依傍（舊老師）說他住飯店時玩了沙沙還有游泳，讓我有點擔心他還沒準備好去新的班級。

我以為好好是很念舊的孩子，說不定會哭鬧著不想轉班，卻在校門口放手那一刻發現，就連受過訓練的我還是不免替孩子預設立場，因為好好頭也不回地往二樓走，笑著跟我說 bye bye，只留下想太多的我（笑）。

當敏感期出現時，推孩子一把

常會有人問我，要怎麼訓練孩子吃飯、睡覺，或是最近很熱門的戒尿布。

其實祕訣真的很簡單：

1. 同理（不等於要接受）孩子的不願改變。

2. 細心陪伴孩子這段過程的情緒。

3. 耐心等待時間發酵。

很多人會說要等待孩子準備好，但蒙特梭利告訴我，孩子在每件事情上都有獨特的敏感期。**成人最大的功課便是觀察妳的孩子**，當敏感期出現時，推孩子一把，鼓勵他們多去嘗試便能水到渠成。

妳可以想像大人要改變一輩子的習慣有多難，就像 3、4 歲的孩子要戒夜間尿布時，對他來說是要改變他「一輩子穿著尿布睡覺」的習慣，如果孩子會不適應，因此想哭鬧是很正常的事，但是我們要因為孩子的哭鬧而裹足不前嗎？

答案妳我都知道，成人應該溫柔且堅定地替孩子做出正確的選擇。我從來不覺得對孩子好好說話、尊重他也是一個還小的個體、同理他的情緒、能給就給的擁抱，給他滿滿的愛會因此寵壞孩子。

除非，妳給的是「礙」，不是「愛」。切記，成人最大的問題是太看得起自己，太看不起孩子。

孩子永遠都是準備好的（只是需要用不同的方式與程度引導），成人才需要事先準備好心態才是重點！

媽媽，同學不想跟我玩

孩子到 4、5 歲之後，明顯地發展出團體意識，變得想要融入大家，很容易產生交友問題。

當孩子某天回家突然跟妳說：「媽媽，同學不想跟我玩⋯⋯」

千萬不要輕易地回答孩子：「沒關係，那去跟別人玩就好了啊！」

孩子願意主動告訴妳他的困擾，請試著聆聽，仔細對待。

幫助孩子認清自己，並非怪罪他人

前陣子聽到亮亮略為沮喪地對我說：「×××不想跟我玩。」

身為媽咪的我聽了之後，心揪得好緊，好想衝去學校了解為什麼人家不跟我女兒玩。但我克制住這份心情，陪亮亮聊聊。

：「×××說不想跟妳玩，亮亮的感覺是什麼？」（**釐清孩子的感覺。**）

：「有一點難過，他們都不想要讓我當公主。」

：「啊！亮亮是想要當公主嗎？為什麼他們說妳不能當公主呢？」（**了解狀況。**）

：「他們只跟公主一起玩，已經有艾莎、安娜了，沒有其他公主能夠給我當。」

：「這樣啊，那亮亮是不能當公主有點傷心，還是因為不能一起玩呢？」（**釐清問題。**）

：「不能一起玩啊！」

：「那亮亮想一想，×××他們會想要跟怎樣的伙伴一起玩呢？」（**讓孩子想想問題本身。**）

：「公主要穿漂亮的裙子，可是蚊子會咬我，我不要穿，而且還要戴亮晶晶的寶石，可是媽咪說 18 歲才要送給我！」

：「噢，亮亮覺得 ××× 只想跟穿裙子、戴寶石的小朋友玩嗎？可是妳其實也不喜歡穿裙子對不對？」（**認同孩子的想法。**）

：「對！」亮亮肯定地點點頭。

：「媽咪有觀察到，有時候在下課後，你們有一起玩耶！××× 也會跟不戴寶石、不穿裙子的小朋友一起玩，對不對？」（**提醒孩子她沒注意到的地方。**）

：「對耶！有時候我們會一起玩。我們會比賽看誰跑得快，看誰比較像小兔子可以一直跳！」

：「亮亮記起來了！妳可以邀請玩兩個人都有興趣的活動喔！妳想得到有什麼活動嗎？」（**邀請孩子想想方法。**）

：「鬼抓人！」

　　正向教養的家長都很尊重孩子，不會強迫孩子迎合別人，雖然遇到別的孩子不接受自己的孩子時，心裡還是會忍不住揪得緊緊的，捨不得孩子難過，但要知道，每個人都會有自己喜歡的人格特質，沒有辦法去要求別的孩子跟自己的孩子當朋友，這當然也包含手足之情，同樣也是勉強不來的啊！

孩子願意主動告訴妳他的困擾，請試著聆聽，仔細對待。

尊重每個人的想要與不想要

當同學選擇不跟自己的孩子玩時，**記得避免附和孩子，不要將對方塑造成加害者的形象**，反而應該理性地跟孩子討論，要怎樣用好的行為吸引對方的注意？自己有沒有對方喜歡的特質呢？

假使嘗試過所有努力還是不如所願，**「被拒絕」正是孩子的課題**。透過我們的陪伴也能讓孩子明白：不能勉強他人喜歡我，別人也不能勉強我喜歡他。

尊重每個人的想要與不想要，是孩子很重要的課題哦！就像正向教養告訴我們的，無法改變他人，只能改變自己，**我們無法強求對方喜歡自己，卻可以試著改變自己來吸引對方。**

亮亮曾經跟我說：「要是跟這些小朋友玩，就一定要當公主，那也太累了吧！」

我問亮亮：「那妳都怎麼辦啊？就不要一起玩了嗎？」

亮亮搖搖頭，告訴我：「我想當公主的時候就會配合，不想當的時候，就玩自己喜歡的啊！」

看來亮亮已經慢慢掌握到該怎麼尊重自身，同時也尊重他人的道理了呢！

交朋友是孩子的事，
成人只能協助不得介入

　　身為母親，一定希望孩子和同儕相處愉快，有時還會請孩子帶東西去學校討好同學，以為這樣就能贏得一段美好的友誼。但是，在孩子交朋友的過程中，成人可以給予支持，但得避免介入。

　　先來聊聊孩子需不需要朋友這件事。

　　首先要判斷孩子的年紀，3歲以前的孩子是相當自我的，他們主要跟家人（主要照顧者）產生親密依附；3歲以後的孩子則開始融入群體，會想要跟其他孩子一起玩。所以妳的孩子如果不到3歲，或是他身邊的伙伴低於3歲，無法成為好朋友是正常的事情啊！

　　孩子在與別人交流之前，他必須先覺得自己很棒，才不會過於退怯。請協助孩子培養好的特質吧！

了解自身情況，是避免被誤會的第一步

　　來舉個我的例子，我從小就是個異位性皮膚炎患者，發作位置在小腿上，每次穿短褲或是裙子時都會很自卑。還記得小

時候，同學會指著我的傷口說「好髒、好噁心喔！摸到她的話會生病！」因此離我遠遠的。

　　當時我好難過，但是大人並沒有教導我好的辦法，我只好選擇把傷口藏起來，就算流出組織液，還是不敢把腿露出來透透氣。

　　我是自卑的，在交朋友上相當被動，好怕被人發現傷口，馬上不跟我當朋友。

　　生出好亮之後，我也認真地想過這個問題要是發生在他們身上，要怎麼辦？因為過敏體質會遺傳啊（像好好就有氣喘，但皮膚目前都還不錯）。如果孩子出現異位性皮膚炎的症狀，我會告訴他：「這是我們的皮膚在打仗的結果，皮膚很努力在對抗外面的細菌，我們需要認真擦乳液（或是藥），幫皮膚穿上一層盔甲保護它，避免吃零食（或是高敏食物），就能幫助皮膚趕快好起來。」採用正向的說法解釋這件事。

　　或是這樣說：「如果有小朋友說你擦的藥味道不好聞，或是說你看起來髒髒的，你可以告訴他『這是幫皮膚穿上一層盔甲，就像機器人有厚厚的金屬一樣很厲害！』」讓孩子了解自己的情況，並且用正向的說法跟同學溝通，是避免被誤會的第一步。

提早練習世界不是以自己為中心

　　父母是孩子最早的練習對象，我們因為太愛孩子，願意以他為中心，把最喜歡的都留給他，一聽到呼喊，就放下手邊的事，玩遊戲時讓孩子獲勝，什麼事情都讓孩子先選自己喜歡的，但是這樣子反而會讓孩子誤以為所有關係都應當如此運作（以自己為中心）。我們必須做為孩子的榜樣，適時地請他稍待、要求他尊重別人的不想要、接受有時候的不如意，不一定要做永遠無私大方的父母。

　　至於要怎麼讓孩子開始社會化呢？

　　大人得接受每個孩子都有自己的步調去融入群體，有些孩子馬上就能跟環境產生互動，而某些孩子則是觀察者的角色，直到觀察足夠才會參與活動，甚至有的只願意觀察不愛互動。

　　再回到一開始的話題，當孩子在交友上遇到困難該怎麼辦？

　　有時候家長會主動告訴老師，同學都排擠自己的孩子，要求老師介入，讓大家跟孩子當好朋友。這時我會請家長跟孩子想一想，你喜歡跟怎樣的人玩呢？不喜歡跟怎麼樣的同學相處呢？其他孩子也是這樣，會喜歡跟有好特質的孩子相處。

　　孩子們之間的相處模式會產生應對的後果，若總是不遵守規矩、大吼大叫發脾氣、動手打人、時常影響他人……自然會

讓其他孩子不想跟他相處在一起。

　　當這種事發生時，我們應該回頭去看看「**孩子有沒有需要改進**」的地方（原因），不是只針對「沒有人跟孩子玩」這個後果來要求改善。

　　亮亮曾經跟我分享，她喜歡跟笑咪咪、不會打翻她的工作、會數到 20、喜歡樂高、串珠、十字編織的小朋友玩，不喜歡跟會打人、愛發脾氣、講不聽的小朋友玩喔！

孩子在與別人交流之前，他必須先覺得自己很棒，才不會過於退怯。

5　教會孩子「責任」在哪裡

「溫柔且堅定」會出現在許多正向教養的文章中，把「溫柔」跟「堅定」拆開來看很好理解，但是要怎麼樣做到溫柔且堅定呢？

「溫和」更正確的解釋是「對孩子的尊重」；「堅定」是成人「對自己、當下情境的尊重」，堅持且同時不帶有情緒地讓孩子理解妳的界線。

很多人會覺得正向教養是不勉強孩子、順從孩子的選擇的教養方式，因此遵從正向教養的家長最常碰到分不清紀律、以為什麼都得尊重孩子意願、講道理講到孩子同意，因此常背負「過度寵溺孩子」的罪名。

當成人替孩子做正確的決定時，他們不見得會欣然接受，這時候我們要尊重孩子的不想要，還是執行孩子的需要呢？尊重跟放縱的界線，每個家庭都不一樣，我跟好亮的親子生活是我融合各種派系的理念，從中選擇我能接受的執行，很難以正向教養或是蒙特梭利一言蔽之。但我選擇站在蒙特梭利（孩子的發展）的根基去執行正向教養，成人的責任之一就是教會孩子「責任」在哪裡。

　　現在許多家長「過度尊重」孩子，孩子想上什麼課便安排，去了幾次，不想去又取消，或是因為擔心孩子不喜歡，所以只上單堂體驗課。我認為學齡前的孩子最需要養成的習慣是「堅持與負責」，許多時候不是孩子「真的不想」，**而是因為妳支持他「隨便不想」，而養成不堅定的習慣。**

　　舉幾個例子，孩子說要學游泳，去了幾堂課之後，哭著說他不要游，討厭水。到底是討厭水，還是討厭練習？

　　孩子吵著說要學鋼琴，去了幾堂課之後，回來說好無聊，不要上課。到底是不喜歡音樂，還是耐不住性子，無法接受穩扎穩打？這樣的例子族繁不及備載。

　　小孩的自由與紀律是正相關的，當妳輕易地讓他放棄，他怎麼得到在堅持之後所獲得的甜美果實呢？

尊重孩子

　　正向教養的第一課，便是讓孩子知道無論如何，爸媽都愛他。

　　亮亮選擇上游泳課，卻在上了幾堂課之後吵著要放棄，這個時刻要不要順從孩子呢？

　　我希望讓亮亮知道：「媽咪愛不愛妳，跟妳上不上游泳課沒有關係，我不會因為妳不想上，就否定妳。」

　　既然沒有關係，為什麼我要堅持上完這一期游泳課？因為我給亮亮有限制的自由，參照的根基是「紀律」，她可以選擇上任何才藝課，但是她必須上完整期課，這是我給她自由選擇才藝課的規矩（我跟亮亮事先都同意）。另外，我也不會看衰孩子，像是「妳運動神經不好，所以不能上足球課。」「妳不夠專心，所以不能上圍棋課。」「妳上次×××課沒上完，這次不能再決定說要上課！」

　　我們可以透過三個步驟來練習溫和且堅定，我以亮亮不想游泳的案例做示範。

　　1. 同理孩子（讓孩子感受到父母親理解我的心情）：

　　「媽咪還不會游泳的時候，也不喜歡同學潑我水，不喜歡臉上濕濕的，我會覺得有點緊張。如果這期媽咪陪著妳一起練習之後，妳還是不喜歡，下期亮亮可以決定不要續報。」

　　2. 溫和堅定地執行規矩：

　　「但是，我們約定好了，亮亮自己選擇要上的游泳課，就要上到這期結束。」

　　3. 允許孩子有情緒：

　　聽到這，亮亮癟嘴地點點頭，告訴我她會一直練習到最後一堂課，並問之後她就可以不要上了對不對？

　　我會說：「謝謝亮亮願意遵守約定，勇敢地努力練習，媽咪認為妳有對自己選擇上游泳課這件事情負責。如果妳很緊

張，可以朝窗戶揮揮手，媽咪也會對妳揮揮手；如果妳覺得難過，可以哭哭，也可以想要媽咪抱抱，下課後，媽咪會準備妳許願的晚餐，一起跟妳在這一期的游泳課努力下去。」

　　許多時候替孩子做正確的決定都是比較難的。

　　以這個案例來說，如果我選擇結束亮亮的游泳課其實省事多了，在沒有午睡又上完游泳課的日子，一打二根本是悲劇一場，平常習慣 8 點上床睡覺的好亮，因為上課，加上在外吃晚餐的關係，最早也是 8 點多才會到家，要上床睡覺時大概都要 9 點了。

　　我選擇帶著亮亮一起練習「對自己下的決定負責」的這段過程我很累，也許亮亮也不好受，但是我希望透過這件事情，亮亮可以理解我很樂意給她選擇的自由，也代表著她有必須承擔責任的後果。

　　親愛的亮亮，我不知道這期結束後，妳還喜不喜歡游泳課，但希望我們經過這段練習，成為妳成長路上的養分。

　　我想在成長過程中，孩子不可能每次都選到內心嚮往走的道路，一帆風順，但是我希望孩子能明白，**無論選擇走哪一條路，易走或難行，媽咪都願意陪著他一起前行！**

恰到好處的母愛

　　我常收到媽媽來訊告解：「大 V，我今天凶了孩子，我是個壞媽媽，覺得自己很糟。」

　　妳認為怎樣叫做愛孩子呢？無論如何都不能對孩子有情緒嗎？

　　某次好好生病時，情緒很不穩定，一點點小狀況也要哭得天翻地覆，好像全世界都對不起他一樣。這個過程超厭世，也是我第一次抱好好時，心裡不是愉悅的，反倒出現「真是受夠了，還要抱多久？」的負面情緒，面對哭不停的孩子，我比他更想哭。

　　做為母親是一場馬拉松賽，保持能接受的「配速」方能長久。

　　每位媽咪難免有過這樣的想法：「自從做了媽媽，就忘了自己是誰。」除了身分上的改變，內心不得不轉變，生活也和以往大不相同了，更可怕的是，「母親」在孩子年紀小的時候更是全年無休，24 小時待命。

　　弗洛伊德曾說過：「童年的經驗影響人的一生。」而每個人的經驗最初來自於自己的母親。我認為要有快樂媽咪才會有快樂寶寶，在孩子出生後我們也該能有除了「母親」以外的身分，妳可以試著回想自己小時候，就算母親照顧妳到無微不

至，卻整天皺著眉頭不開心，在小小的妳心裡一定也會不好
受。

　　**所以在愛孩子之前先愛自己吧，如此一來，孩子才能快樂
地接受妳的愛。**

唯有妳開心，這個家才能因此被渲染了
開心的氛圍，進而影響每個人。

正向教養小撇步：家庭會議

　　我們都有過在氣頭上口不擇言的時候，寫下來是緩和情緒的好方法，無論大人或是孩子都適用，是正向教養中的祕密武器！

　　特別適合 3 歲以上的孩子，這年紀的孩子自我還沒有這麼重，所以容易跟著妳的要求與配合，趁這時候認真培養出定期商討問題的習慣，等到孩子長大後跟家人溝通，或談自身問題時，比較不會覺得彆扭，避免孩子回家後就躲房間，不願意與家長聊聊今天發生什麼事。

　　上次跟友人談到，他們夫妻對於體罰的概念差異很大，爸爸覺得不打不行，媽媽反對體罰，在媽咪跟爸爸談不要體罰時，爸爸又扯出了媽媽還不是對孩子說話口氣不好，這種狀況在每個有孩子的家庭中時常發生，包含我家。

　　我給朋友一個建議，請爸爸寫下什麼時候他認為需要體罰孩子，等他寫完就會發現，連這麼小的事情都要打孩子多不合理。而溝通並沒辦法只靠單方面，所以我再請媽媽從爸爸寫的事件當中，選出三樣可以認同且需要被處罰的。

　　看出來了嗎？一件事情如果想要另一個人願意去做，讓他

參與「解決問題」的環節，是很重要的事！

　　這個觀念再回帶到孩子身上，孩子永遠只 follow 自己的心，獎勵與懲罰都無濟無事。當孩子讓妳頭疼時，可以跟他討論怎麼做會比較好，舉個我家的例子。

：「啊！地上都是玩具，不小心踩到會好痛，妳覺得怎麼做會比較好？」（**敘述事情，提出這個困擾帶來的結果，並一起討論解方。**）

：「玩完玩具要收起來！」

：「媽咪也覺得這是個好辦法耶，那妳覺得什麼時候小朋友會玩完不收呢？」（**孩子常常知道正確答案卻不做，為什麼呢？**）

：「因為有其他玩具太好玩了啊！」

：「那些玩具也看起來好好玩哦，但不收玩具的話，弟弟或是亮亮可能會踩到，就會很痛哦！妳要一起

收玩具，然後媽咪唸一個故事，還是亮亮自己收玩具，媽咪先去準備兩個故事給妳呢？」（**先同理孩子，再表達困難以及一個好的結果，並提出兩個選擇。**）

：「亮亮一個故事就可以了，媽咪一起收吧！」

　　這是生活中不停在發生的事，隨著孩子越來越大，問題只會更多，尤其是多寶家庭手足爭執天天上演，吵著要父母親介入，這時候我們可以使用「家庭會議」的技巧。在開始家庭會議之前，要先下「無責難」的規定，這樣孩子才願意敞開心胸、討論事情。訂出一個每週固定的時間來進行（秩序敏感），在這期間發生的事情請孩子是先寫下來，或是由父母寫下來。

透過家庭會議可以學到什麼？

孩子透過家庭會議，能學習到許多重要的社會與生活技能，包括適應力、社會興趣（social interest，阿德勒學派重要概念之一，意指個體感知到自己是社群的一部分，產生對社會事務的態度，包含個人對於世界上的其他人都抱持正向的態度，與人合作並做出貢獻）、相互尊重、如何從自己的錯誤中學習、傾聽技巧、腦力激盪的技巧、解決問題的技巧、解決問題前先冷靜的重要性、考量他人、合作、信賴感，以及如何與家人共享樂趣。

簡單來說就是：

1. 傾聽（了解別人想表達的）。

2. 腦力激盪（想想該怎麼做）。

3. 解決問題的能力（找到答案）。

4. 尊重彼此（答案不同）。

5. 冷靜的討論問題（對事不對人）。

6. 共同解決問題（自己做不到，那請另一個人幫忙）。

家庭會議依循相同的模式進行，如果妳家的孩子年紀跟亮亮差不多，可以參考我家的四步驟。

1. 這週發生的好事，並謝謝家人的照顧。

2. 上週的問題依循解決方案做了嗎？結果有變好嗎？

3. 這週的問題檢視與討論結果（大家都同意這個解決方法後，就得使用一週，不滿意的話，下週再修改）。

4. 最後以家庭親密時光做結尾，一起玩場桌遊。

開家庭會議請專注思考解決方案，不要去責難、怪罪人，要利用家庭會議來灌輸孩子「犯錯正是學習的大好機會」的重要觀念。

家長需要少說一點、多聽一點，確保孩子一起參與構思解決方案的腦力激盪過程，並讓孩子從中選擇他們認為的最佳方案，孩子越覺得自己參與其中，越可能貫徹執行最後的決策。

這並不是為了控制孩子的工具，而是為了給孩子以後面對問題的技巧啊！

孩子，你不必太乖太懂事

亮亮一直是大家眼中的乖孩子，但我很希望讓亮亮知道：就算妳不乖巧、小搗蛋，媽咪都會愛妳。

某次過年回婆家，阿公第一次見到亮亮哭鬧。「原來亮亮也會歡歡不乖啊！」阿公這麼說。這是當然的，亮亮也會有太睏，還不能上床歡、生病不舒服歡，甚至有時也猜不透為什麼歡等狀況。

那一次過年我們住在阿公家，多了很多時間讓其他人看到「完整的亮亮」。大多數時間亮亮是普遍認為的乖小孩：自己吃飯睡覺、不哭愛笑、情緒好。

但是，我不覺得妳一定要聽話、懂事和乖，因為這是身為家長的「最高讚譽」，卻是孩子的「最深束縛」，我希望小小的妳保有自由意志，能替自己做決定並負責承擔後果。

孩子能在我們面前哭、發洩情緒，正是因為他對妳、對這個家有足夠的安全感，知道我們會全然接受他的情緒，但這不意味著我們需要縱容孩子，而是讓他明白：**你不必隱藏自己、不需要討好誰，你可以有你的想法，你可以做自己。**

世上所有的愛都指向相聚，唯有父母的愛指向別離

　　我認為成人最重要的責任是輔助孩子成為「獨立」個體，從最基本的奶走向固體食物，大人全然地照護走向生活自理，最後擁有獨立的思想成為一個獨立的人。

　　記得嗎？蒙特梭利最重要的思想：「我們的教育基礎不在於替他做，小朋友要在自理中獲取生理的獨立，在自由選擇中獲取意志的獨立，在無止盡的獨立工作中獲取思想的獨立。」成人常認為孩子年紀小，所以無法承受責任或是後果，覺得自己替他做就好，反正大家都說孩子總有一天會長大，何必現在花這麼多力氣教導他？

　　但我並不這麼認為，**因為愛，我願意用多一點時間，從○歲開始教導你，讓你養成獨立思考的心。**

　　陶行知是我很喜歡的一位老師，他的理念是「生活即是教育」，這當中提到了六大解放主張，我非常認同，其中兩點是：

　　1. 解放兒童的腦，使之能思。

　　2. 解放兒童的嘴，使之能講。

　　我們不應該去限制孩子的想法，強硬將自己的思想加在身上；讓他有提問的自由，不因為年紀小限制他的發言，從「不許多說話」中解放出來。

　　當孩子給我們挑戰，用打罵壓制或是哄騙轉移注意力再簡單不過，但我寧可等他情緒發洩完，多問一句「你怎麼了？」讓他保留表達自己、質疑、獨立、負責的勇氣與能力。

　　希望妳在做孩子的年紀僅僅只是孩子，如果沒有，當妳長大請記得：**真正的長大，就是擺脫他人的期待，找到真正的自己。**

致親愛的母親

　　敬所有母親，

　　在這五年陪伴孩子成長的時間，每天非常充實（累）。

　　早上化身為超級保姆，中午成為大廚訂製家人飲食，下午擔任幼教老師，晚上變回妻子，深夜回到殘存的自己，日復一日。

　　第一次明白什麼叫「從早忙到晚」，什麼叫「沒有假期」。

　　也許是太累了，有時候我們會想要孩子快點長大，事業趕快成功，覺得目前的過程都很難熬，急著收獲最後的果實。

　　但卻忘了果實為什麼甜美？小王子的玫瑰花又為什麼珍貴？

　　世上若有什麼投資是穩賺不賠的，那便是花費在孩子身上的時間。美好的事物，需要時間，陪伴孩子的每分每秒，都不會浪費。

附 錄
V 家好書單

● **淺談蒙特梭利（入門）**

　　1.《一間蒙特梭利教室》

　　　Aline D. Wolf ／著，及幼文化出版。

　　2.《生命重要的前三年》

　　　Montanaro、Silvana Quattrocchi ／著，及幼文化出版。

　　3.《你和你的孩子》

　　　Malloy、Terry ／著，及幼文化出版。

● **蒙特梭利的居家布置**

　　1.《在家也能蒙特梭利》

　　　提姆・沙丁／著，親子天下出版。

　　2.《在家玩蒙特梭利：掌握 0 ～ 6 歲九大敏感期，48 個感
　　　覺統合遊戲，全方位激發孩子潛能》

　　　李利／著，野人出版。

● 蒙特梭利理論

1.《吸收性心智》

　瑪麗亞・蒙特梭利／著，桂冠出版。

2.《發現兒童》

　Maria Montessori ／著，及幼文化出版。

3.《童年之祕》

　Maria Montessori ／著，及幼文化出版。

Eurasian Publishing Group
圓神出版事業機構
用心閱谷對話．織野無限寬廣

● 圓神出版社
Eurasian Press

www.booklife.com.tw   reader@mail.eurasian.com.tw

TOMATO 075

大V的正向教養實驗：融合蒙特梭利、薩提爾，
不打罵、不利誘，養出孩子的好習慣

作　　者／大V
發 行 人／簡志忠
出 版 者／圓神出版社有限公司
地　　址／臺北市南京東路四段50號6樓之1
電　　話／(02) 2579-6600．2579-8800．2570-3939
傳　　真／(02) 2579-0338．2577-3220．2570-3636
副 社 長／陳秋月
主　　編／賴真真
專案企畫／尉遲佩文
責任編輯／歐玫秀
校　　對／歐玫秀．林振宏
美術編輯／蔡惠如
行銷企畫／陳禹伶．林雅雯
印務統籌／劉鳳剛．高榮祥
監　　印／高榮祥
排　　版／杜易蓉
經 銷 商／叩應股份有限公司
郵撥帳號／18707239
法律顧問／圓神出版事業機構法律顧問　蕭雄淋律師
印　　刷／國碩印前科技股份有限公司
2022年10月　初版

定價 380 元　　　　ISBN 978-986-133-844-6

我將藉由好亮的實驗教養日誌，把媽媽跟寶貝再平凡不過的日
常、萬年老哏的問題，一字一句記錄到本書。讓我們一起用正向
的語氣、堅定的態度、溫柔的心，陪伴孩子慢慢長大吧。
　　——《大V的正向教養實驗：融合蒙特梭利、薩提爾，不打罵、
不利誘，養出孩子的好習慣》

想擁有圓神、方智、先覺、究竟、如何、寂寞的閱讀魔力：

◨ 請至鄰近各大書店洽詢選購。
◨ 圓神書活網，24小時訂購服務
　免費加入會員‧享有優惠折扣：www.booklife.com.tw
◨ 郵政劃撥訂購：
　服務專線：02-25798800　讀者服務部
　郵撥帳號及戶名：18707239　叩應有限公司

國家圖書館出版品預行編目資料

大V的正向教養實驗：融合蒙特梭利、薩提爾，不打罵、
不利誘，養出孩子的好習慣 / 大V 著.
-- 初版. -- 臺北市：圓神出版社有限公司，2022.10
224面；14.8×20.8公分（TOMATO；75）

ISBN 978-986-133-844-6（平裝）

1.CST：育兒　2.CST：親職教育　3.CST：子女教育

428.8　　　　　　　　　　　　　　111013419